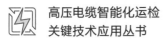

高压电缆智能化运检
关键技术应用丛书

U0158966

电力电缆
典型故障分析及预防

主 编　赵　明

副主编　杨延滨　张君成　李佩哲

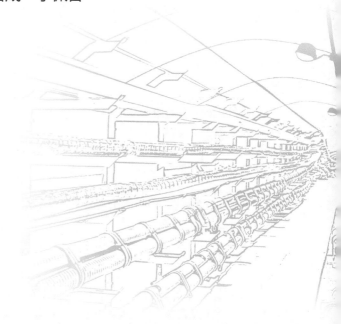

中国电力出版社
CHINA ELECTRIC POWER PRESS

内 容 提 要

为总结高压电力电缆及隧道无人化巡检、透明化管控、大数据分析等新型智能化技术装备应用经验，以数字化、智能化装备现场应用成效为抓手，全面指导高压电力电缆运维、检修、试验、状态监测等工作开展，国网北京市电力公司电缆分公司全面总结提炼近几年国内外高压电力电缆专业运检管控成效，形成具有较高技术含量和较强现场指导意义的《高压电缆智能化运检关键技术应用丛书》。

《高压电缆智能化运检关键技术应用丛书》面向高压电力电缆专业运维、检修、监控、试验、状态监测、数据分析等相关专业人员，通过原理解析和操作流程教学，助力专业人员掌握高压电力电缆智能化运检理论知识及实操技能，促进电力电缆专业运检关键技术水平全面提升。

本书为《电力电缆典型故障分析及预防》分册，共四章，分别为电力电缆本体典型故障缺陷、电力电缆终端典型故障缺陷、电力电缆中间接头典型故障缺陷、附属设备典型故障缺陷。本书从典型故障、缺陷现象出发，详细开展原因分析，并提出后续预防方式及反措，为高压电力电缆专业人员提供运维检修方面相关经验。

图书在版编目（CIP）数据

电力电缆典型故障分析及预防/赵明主编 . —北京：中国电力出版社，2022.12（2024.3重印）
（高压电缆智能化运检关键技术应用丛书）
ISBN 978-7-5198-7141-3

Ⅰ. ①电… Ⅱ. ①赵… Ⅲ. ①电力电缆－故障诊断 Ⅳ. ①TM755

中国版本图书馆 CIP 数据核字（2022）第 187078 号

出版发行：中国电力出版社
地　　址：北京市东城区北京站西街 19 号（邮政编码 100005）
网　　址：http://www.cepp.sgcc.com.cn
责任编辑：赵　杨（010-63412287）
责任校对：黄　蓓　朱丽芳
装帧设计：张俊霞
责任印制：石　雷

印　　刷：三河市万龙印装有限公司
版　　次：2022 年 12 月第一版
印　　次：2024 年 3 月北京第二次印刷
开　　本：710 毫米×1000 毫米　16 开本
印　　张：10.5
字　　数：156 千字
印　　数：4001—4500 册
定　　价：74.00 元

编 委 会

前言

《高压电缆智能化运检关键技术应用丛书》紧扣高压电力电缆及隧道无人化巡检、透明化管控、大数据分析等新型智能化技术装备应用，以新一轮国家电网有限公司高压电力电缆专业精益化管理三年提升方案（2022～2024 年）为主线，以运维检修核心技术成果为基础，以数字化、智能化装备现场应用成效为抓手，以推动高压电力电缆专业高质量发展和培养高压电力电缆专业高素质技能人才为目的，全面总结提炼近几年国内外高压电力电缆专业运检管控成效，助力加快构建现代设备管理体系，全面提升电网安全稳定运行保障能力。

《高压电缆智能化运检关键技术应用丛书》共 6 个分册，内容涵盖电力电缆运维检修专业基础和基本技能、电力电缆典型故障分析、电力电缆健康状态诊断技术、电力电缆振荡波试验技术、电力电缆立体化感知和数据分析技术等。丛书系统化梳理汇总了电力电缆专业精益化运维检修的基础知识、常见问题、典型案例，深入理解专业发展趋势，详细介绍了电力电缆专业与新型通信技术、数据挖掘技术等前沿技术的成果落地和实践应用情况。

本书为《电力电缆典型故障分析及预防》分册。近年来，随着高压电力电缆在各地区城市电网中的设备规模不断增加、应用范围不断扩大，高压电力电缆设备各环节、各类型的故障、缺陷也时有发生，甚至引发大面积停电，造成较大的经济损失和社会影响。国网北京市电力公司电缆分公司针对高压电力电缆系统中的故障、缺陷开展了大量分析及反措工作，并持续在北京地区高压电力电缆线路中进行排查、消隐及状态检测等相关工作，切实提升了首都高压电力电缆网的健康运行水平，极大提升了对北京电网运行可靠性的支撑。

本书共四章，分别从电力电缆本体、电力电缆终端、电力电缆中间接头、电力电缆附属设备等环节，就设备结构、施工工艺、故障、缺陷原因、预防措施以及典型案例分析等方面进行介绍。本书从典型故障、缺陷现象出发，详细开展原因分析，并提出后续预防方式及反措，为电力电缆专业运检人员提供运维检修方面相关经验。

　　本书在编写过程中，参考了许多教材、文献及相关专家的研究结论，也邀请国家电网有限公司部分单位的同事共同讨论和修改，在此一并向他们表示衷心的感谢！由于编写时间和水平有限，书中难免存在疏漏和不足之处，恳请各位专家和读者提出宝贵意见，使之不断完善。

编　者

2022 年 10 月

目录

第一章
电力电缆本体典型故障缺陷

第一节　电力电缆结构

电力电缆作为电力系统中传输和分配电能的设备，按照导体材质、绝缘类型具有多种不同分类，本章主要以铜芯交联聚乙烯绝缘电力电缆为例，对电力电缆本体的缺陷及故障情况开展分析与探讨。

110kV 高压电力电缆截面图如图 1-1 所示，主要包括以下几部分：

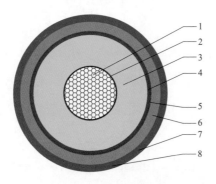

图 1-1　110kV 高压电力电缆截面图

1—导体；2—导体屏蔽；3—XLPE 绝缘；4—绝缘屏蔽层；5—缓冲层；

6—皱纹铝套；7—外护套；8—半导电涂层

（1）导体。电缆的导体通常用导电性好、有一定韧性、一定强度的高纯度铜或铝制成。导体截面常用的有圆形和扇形。较大截面的导体由多根铜丝分数层绞合制成，绞合时相邻两层的扭绞方向相反。导体采用紧压结构，紧压系数大于 0.9，标称截面积在 800mm² 以下的导体应采用紧压绞合圆形结构；标称截面积在 800mm² 以上的导体应采用分割导体结构；截面积为 800mm² 的导体可以采用紧压绞合圆形结构，也可以采用分割导体结构。

（2）绝缘层。绝缘层用来保证导体与导体之间、导体与外界之间的绝缘性能，使电流沿导体可靠传输。电缆的绝缘层需保证一定的电气耐压强度，它应有一定的耐热性能和稳定的绝缘质量。电缆主绝缘具有耐受系统电压的特定功能，在电缆使用寿命周期内，要长期承受额定电压和系统故障时的过电压、雷电冲击电压，保证在工作发热状态下不发生相对地或相间的击穿短路。交联聚乙烯是一种良好的绝缘材料，现在得到广泛的应用，其颜色为青白色半透明。其特性是：具有较高的绝缘电阻；能够耐受较高的工频、脉冲电场击穿强度；具有较低的介质损耗；化学性能稳定；耐热性能好，长期允许运行温度为 90℃；具有良好的机械性能，易于加工和工艺处理。绝缘层的厚度与工作电压有关。一般来说，电压等级越高，绝缘层的厚度也越厚，但并不成正比例。

（3）屏蔽层。电力电缆的屏蔽层分为内屏蔽层（内半导电层）与外屏蔽层（外半导电层）。导体屏蔽层是挤包在电缆导体上的非金属层，与导体等电位，体积电阻率为 100～1000Ω·m。导体屏蔽层主要用于消除导体表面的坑洼不平，消除导体表面的尖端效应，消除导体与绝缘之间的孔隙，使导体与绝缘之间紧密接触，改善导体周边的电场分布，对于交联电缆导体屏蔽层还具有抑制电树生长和热屏蔽作用。

绝缘屏蔽层是挤包在电缆主绝缘上的非金属层，其材料也是交联材料，具有半导电的性质，体积电阻率为 500～1000Ω·m。与接地保护等电位。绝缘屏蔽层是电缆主绝缘与接地金属屏蔽之间的过渡，使之有紧密的接触，消除绝缘与接地导体之间的孔隙；消除接地铜带表面的尖端效应；改善绝缘表面周边的电场分布。绝缘屏蔽按照工艺分为可剥离型和不可剥离型。一般 35kV 及以下电力电缆采用可剥离型，好的可剥离绝缘屏蔽具有良好的附着力，剥离后没有半导电颗粒残留。

110kV 及以上的电缆采用不可剥离型。不可剥离型屏蔽层与主绝缘的结合更紧密，施工工艺要求更高。

（4）保护层。电力电缆保护层主要由缓冲层、金属护套、外护套组成。缓冲层包裹在外屏蔽层上，部分缓冲层内掺有铜丝布，主要作用是径向阻水与应力缓冲。金属护套既有电场屏蔽作用还有防水密封功能，同时还兼有机械保护功能。金属护套的材料和结构一般采用波纹铝护套、波纹铜护套、波纹不锈钢护套、铅护套等。另外有一种复合护套，是采用铝箔贴在聚氯乙烯（polyvinyl chloride，PVC）、聚乙烯（polyethylene，PE）护套内的结构，在欧美的产品中使用较多。外护套是电缆最外边的保护，一般使用聚氯乙烯（PVC）、聚乙烯（PE）等绝缘材料，采用挤包成形。为适应冬季寒冷和夏季炎热的要求，一般采用的是阻燃聚氯乙烯，该材料不易开裂和软化。外护套主要起到密封的作用，防止水分侵入，保护铠装层不受腐蚀，防止电缆故障引发的火灾扩大。在外护套上还打印有电缆的特性信息，如规格、型号、生产年份、制造厂家、电缆长度等。

电力电缆的包装、运输主要有以下几个要点：

（1）电缆的包装需要使用电缆盘，有铁盘、木盘和铁框木盘，盘的外径对运输、保管的成本影响较大，用于 10kV 及以下电力电缆的盘径以 3.2m 以下为宜，盘宽以不超过 2.2m 为好，对于盘径超过 3.5m 的要用特殊的运输车。

（2）每盘电缆的重量与电缆的规格型号和长度有关，一般电力电缆单盘长度在 500m 左右，重量为 3～10t。

（3）在运输和装卸过程中，不应使电缆及电缆盘受到损伤。严禁将电缆盘直接由车上推下。电缆盘不应平放运输、平放贮存。

（4）运输或滚动电缆盘前，必须保证电缆盘牢固，电缆绕紧。滚动时必须顺着电缆盘上的箭头指示或电缆的缠紧方向。

（5）电缆在运输、保管中，端头应进行保护，可靠密封，防止受潮进水。当外观检查有怀疑时，应进行受潮判断或试验。保管中封头有损坏应立即处理。

（6）电缆保管应集中分类存放，并应标明型号、电压、规格、长度。电缆盘之间应有通道。地基应坚实，当受条件限制时，盘下应加垫，存放处不得积水。

当电缆盘有损坏时，应及时更换。

第二节　电力电缆的制造工艺

一、基本工艺流程

电力电缆的制造包括许多工序，一般可分为以下四个方面：

（1）导体加工。

1）拉丝：拉细单线到所需的直径。

2）绞合：把多根单线绞合到一起，有时需要再包带。

（2）绝缘加工。

1）三层挤出：电缆绝缘在这个过程中形成，包括内半导电屏蔽层、绝缘层和外半导电屏蔽层。

2）交联：可在挤出后直接进行（过氧化物交联），或者在挤出后采用单独设备进行（湿法交联）。

3）除气：通过离线加热把过氧化物副产物去除，经常用于中压海底电缆。

（3）电缆护层制造。

1）绝缘包带：在此过程中，把缓冲层、保护层和阻水层绕包到挤包的主绝缘上。

2）中性线绞包：把铜线、铜带或扁铜带包绕在电缆上。

3）金属护层：施加金属的防潮和保护层。

4）护套：采用聚合物护套起到机械保护（对金属箔的保护特别重要）和防腐蚀作用。

5）铠装：采用高强度金属构件（钢）来保护电缆，特别是海底电缆。

（4）质量控制。

1）原材料的操作处理。

2）例行试验。

3）抽样试验。

二、导体制造

有些电缆制造采用直接用于屏蔽和绝缘加工的制成导体，或用铜杆或铝杆，并将其拉丝到合适的直径，然后绞合（扭结成一体）成电缆导体。

由于拉丝工艺使金属产生加工硬化，因此拉丝后的线材通常必须加热以获得适当的物理性能。在这个过程中，通过感应到绞线上的电流来产生热量，并提高导体的温度到正确的退火温度。此外也可以把绞线放置到炉箱中实现退火。退火能同时影响绞线的物理和电气性能。

绞合导体是通过扭绞多根单线完成的，有多种类型的扭绞（或绞合）型式。尽管绞合工艺相对容易完成，但必须仔细操作，以确保在绞合的过程中单线没有损伤以及绞合系数（单位长度上绞绕的次数）正确。为防止在制造、安装或运行过程中水分侵入导体，应考虑使用阻水结构的导体。

三、绝缘制造

挤出绝缘电缆的生产是一种高度精密的制造过程，运转时必须严格控制，以确保最终的产品能够可靠运行多年。在导体屏蔽料、绝缘料和绝缘屏蔽料挤出到电缆导体上后，必须进行交联。交联是一个化学反应，它能提高电缆的热性能和机械性能，尤其是提高高温下的强度和稳定性。

绝缘制造工艺将绝缘和半导电材料颗粒在挤出机内熔融。熔融是在加压的情况下进行的，压力把电缆料向十字机头输送。在螺杆末端和十字机头的顶部，放置用于过滤的滤网或过滤板。在挤出型电缆制造的早期，放置滤网或筛子是为了除去材料中的小颗粒，或者是熔融过程中产生的杂质。

在挤出型电缆制造的早期，采用二次挤出工艺来生产电缆绝缘。先同时挤出导体屏蔽和绝缘，然后交联并绕到线盘上。经过一段时间后，再挤出导体屏蔽和绝缘，这种工艺会在绝缘和绝缘屏蔽之间形成不规则并可能遭受污染的界面。在这个工艺中，绝缘屏蔽可能是不交联的，因此电缆只有有限的热学性能。

现在，有两种制造工艺可在一道工序中完成所有三层的挤出。第一种方法是1+2三层挤出工艺，它首先挤出导体屏蔽，经过较短的距离（通常是2~5m）后，再在导体屏蔽上同时挤出绝缘和绝缘屏蔽。第二种方法是三层共挤工艺，它是将导体屏蔽、绝缘和绝缘屏蔽同时挤出。在这两种方法中，绝缘屏蔽都是交联的，因此电缆的高温性能有很大改善。三层共挤工艺中导体屏蔽在绝缘挤出前不会暴露在空气中，因而能产生十分洁净、均匀的导体屏蔽和绝缘界面。

应用1+2或者三层共挤工艺生产出三层电缆绝缘后，没有交联的电缆绝缘直接进入硫化管。在这里有完全不同的硫化工艺。

在过氧化物硫化过程中，电缆进入到一个高温高压的管道中。热蒸汽硫化会在绝缘中产生水分和大量的微孔，管道内可以采用蒸汽或者热氮气加压。另一个重要的易被忽略的步骤是应充分冷却交联好的电缆绝缘，确保外部绝缘和导体的温度降低到可以离开硫化管的温度。当电缆线芯引出硫化管时，绝缘应是按照正确的制造规范和标准已进行了充分的交联和冷却。采用湿法交联工艺，挤出机后面管道的长度需要保证热塑性绝缘充分冷却，以免导体上的绝缘偏芯（下垂）。硫化工艺主要有以下两种：

1. 挤出—过氧化物硫化

过氧化物硫化电缆的3种基本的电缆绝缘挤出和硫化过程包括悬链式连续硫化（continuous catenary vulcanisation，CCV）、立式连续硫化（vertical continuous vulcanizing，VCV）、连续硫化（mitsubishi dainichi，MDCV）也叫长承模连续硫化。

悬链式连续硫化（CCV），CCV技术中，硫化布置成了悬链状，当它悬吊在两点之间时，像一根弦线。导体在馈送方式上与VCV相同，都是从放线架进入到储线器。这样可以保证在连续挤出工艺不停止的情况下，当旧的线盘用完能够换一个新的导体线盘到放线架上。储线器也为两个导体的焊接提供了时间。通过严格地控制电缆张力来保持电缆处在硫化管的中心位置。还需注意确保不让已经融化但未交联的塑料聚合物在重力的作用下从导体上滴落或垂落，这个效应一般称为"下垂"。下垂效应随着绝缘厚度与导体尺寸的比率增大而趋于增强。

立式连续硫化（VCV），VCV技术中，硫化管是垂直导向的。通过控制电缆的张力维持电缆在管的中心位置。将导体牵引到机塔顶端，该塔高度可达 100m，位于一个巨大的牵引轮的正上方，然后导体经由预热器进入到三层挤出机头。通过高温氮气加热电缆来完成硫化。气体加压是保证过氧化物的分解物不产生充气的微孔。VCV 技术中交联管道是垂直布置的，从而确保了导体和绝缘的同心度。在生产大截面（大于 1600mm^2）导体电缆时，VCV 技术非常有效，因为在保持张力方面，不会面临和 CCV 技术那样的困难。VCV 线可以用来生产绝缘厚度最大约 35mm 的电缆。与 CCV 技术相比，VCV 技术不会遭受由于重力的影响而使聚合物产生低垂或从导体滴落的结果。然而，由于昂贵的立式建设成本，VCV 线要短于 CCV 线。VCV 线一般为 80～100m，而 CCV 线一般为 140～200m。

2. 挤出—湿法交联工艺

在湿法交联工艺中，首先采用同 CCV 生产线上相似的方法，把绝缘混合物挤出到导体上，但不用随后通过高温高压的硫化过程。与之相反，挤出工艺后立即用水冷却电缆。把电缆卷绕到线盘上后，放入到较高温度（70～75℃）的房间或者水浴中来完成交联。湿法交联只有在有合适的催化剂的条件下才能发生，因此它完全没有过氧化物交联工艺中热激发的预硫化等情况出现。过氧化物交联工艺中，挤出停车和过于精细的滤网都可能会导致材料焦烧，特别是用硅烷作为交联剂的聚合物。在电力电缆制造过程中，湿法交联的挤出机更适合使用滤网（100～200μm 孔径），而且停车时没有过氧化物那种材料焦烧的危险。

四、冷却

在过氧化物交联系统中，电缆在离开压力氮气或蒸汽交联管之后还须进一步冷却。最常见的是在电缆上线盘之前，在压力条件下用流动冷水进行冷却。冷却程度由出口处导体和绝缘层的温度共同决定。一般情况下，线芯装盘之前二者的温度都要低于 70℃。在某些情况下，输电电缆使用气体冷却，而不是用水冷却。虽然气体冷却会降低冷却速度，但能使水分进入绝缘层的概率减到最小。

电缆冷却必须逐渐由交联温度降到略高于室温。如果电缆降温太快，绝缘聚合物内会锁定机械应力，这会导致电缆安装后产生绝缘收缩的问题。

五、除气

电力电缆完成冷却后，需通过高温去除电缆内部气体，温度范围一般为50～80℃，升高处理温度可以一定程度上减少除气时间。在电缆的除气工序中，要极度小心避免电缆受损，这一点非常重要。实践表明，伴随着绝缘热膨胀、软化，可能导致电缆各层之间相互挤压，从而损伤电缆主绝缘，影响设备电气性能。另外，随着电缆重量的增加，除气温度通常需要适当降低。

六、金属护套

电缆的金属护套和外护套一般都是在电缆芯成型后再加上去。这道工序和挤出/交联/冷却的过程相分离。常见的电缆金属护套包括焊接的皱纹铜套、挤出的皱纹铝套、挤出的铅套等多种形式。当使用各种制造工艺生产金属护套时，要注意以下几点：①当电缆弯曲时金属护套不能开裂并形成完全的密封。②金属护套和电缆绝缘屏蔽之间必须保持良好的电气接触。

七、绝缘外护套

有许多不同的混合料用于电缆绝缘外护套，这些材料可以用加压挤出或者较松地"套"到电缆上。在大多数情况下，外护套的加工独立于其他制造工序，多为最后一道工序。如不考虑生产技术，外护套加工时要注意以下几点：①外护套必须满足电缆规定的最大和最小厚度的要求。②冷却方法不能造成机械应力。通常都是让电缆通过长的流动水的冷却槽来实现，冷却槽的水温经过仔细选择。如果护套冷却过快，可能容易产生开裂和/或收缩。③带有绝缘外护套的电缆必须要经过火花试验，一般在护套冷却后电缆绕到线盘之前进行该试验，这是为了确定护套上没有针孔或缺漏。在火花试验中，确保电缆的金属屏蔽接地很重要。

第三节　电力电缆本体典型故障及缺陷

一、电力电缆缓冲层烧蚀导致本体击穿故障

近年来，全国各地均有电力电缆本体击穿故障发生，绝大部分故障电缆解剖后发现存在电力电缆缓冲层烧蚀现象。对这些电缆故障点自外向内逐层拆解，可见金属护套内侧普遍存在放电烧蚀痕迹。且烧蚀点普遍位于波纹铝护套的波谷位置，即铝护套与半导电缓冲层相接触的位置。在与之相对应位置的半导电缓冲层上，广泛存在白色粉末状物质。内侧的外半导电层表面大概率也会出现烧蚀现象。与故障点击穿通道相似，外半导电层上的损伤点普遍呈现出外侧面积大、内侧面积小的倒梯形结构。且故障电缆在其他位置上，可发现与故障点位置相似的情况，半导电缓冲层上出现白色粉末，电缆外半导电表面多见烧蚀、损伤情况。

对非故障点电缆本体分析，该类情况均为长期放电累积造成，且电缆主绝缘性能符合标准要求，说明电缆击穿由主绝缘外部放电诱发。有关大学及厂家曾做过相应模拟试验，从电缆半导电缓冲层与金属护套之间通过 200mA 电流时就会引发电缆半导电缓冲层、电缆外半导电层烧蚀情况。根据往年案例，缓冲层烧蚀故障原因主要有以下几点：

（1）电缆金属护套与半导电缓冲层不均匀接触。由于电缆金属护套大多为波纹铝护套，金属护套与半导电防水缓冲层、绝缘外半导电示意图如图 1-2 所示，电缆金属护套波峰位置与半导电缓冲层间隙较大，而波谷与半导电缓冲层接触较为紧密，铝护套波谷的曲率使得该处电电场强度度畸变，导致感应电流在金属护套与缓冲层紧密接触部位（波谷位置）密度较大，局部过热导致电缆半导电缓冲层烧损，逐渐向内烧蚀电缆外半导电层与电缆绝缘，造成电缆主绝缘击穿，导致电缆故障。

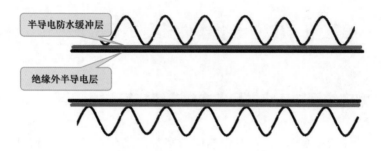

图 1-2　金属护套与半导电防水缓冲层、绝缘外半导电示意图

（2）电缆缓冲层体积电阻率和表面电阻率不符合标准要求或缓冲层内铜丝布存在质量问题。电缆对地电容电流通过半导电阻水带、铝护套流入大地，半导电阻水带与铝护套之间呈点接触，若电缆缓冲层体积电阻率和表面电阻率超出相关标准要求，则导致接触点处接触电阻值增大，加剧了金属护套与缓冲层接触点发热；若半导电缓冲层内铜丝布存在质量问题，铜丝电导率不合格或是铜丝布厚度不均，都会导致电缆外半导电层电场分布不均，与铝护套之间存在电位差，引发缓冲层局部放电。

（3）电缆内部潮气入侵导致缓冲层膨胀或电阻率发生变化。施工过程中，如果未做好电缆断头位置密封措施，搭设作业棚控制温、湿度，则可能导致电缆进水，缓冲层在施工中受潮。进而使电缆缓冲层体积电阻率和表面电阻率发生变化，与金属护套接触不均匀，产生烧蚀现象，逐渐发展为本体击穿故障。

二、施工或运行时外力导致电缆故障或缺陷

（1）电缆施工机械损伤导致电缆本体变形。在电缆敷设或是拿弯过程中，可能使电缆局部受力过大，造成金属护套变形，严重时挤伤电缆绝缘，降低电缆主绝缘的性能，导致电缆中电场强度分布不均，在长期运行过程中，逐步发展为击穿故障。同理，在接头制作过程中，可能存在金属护套断口处理不当导致该处电

缆主绝缘损伤。

（2）电缆接头间交叉互联线被盗导致击穿。电缆两接头间交叉互联线被盗，金属护套产生的悬浮电位会将外护套击穿，导致金属护套产生多点接地现象，电缆运行过程中，金属护套与大地形成闭合回路，金属护套内产生感应电流，环流过大将会引发电缆损耗发热，导致电缆载流量减少或局部过热，加速电缆绝缘的老化，最终导致电缆导体线芯对外护套径向击穿。

（3）热蠕动或敷设不当导致电缆外护套硌伤或击穿。电缆在敷设过程中，在通道内上下坡与转弯位置未进行刚性固定，长期运行过程中产生热蠕动，电缆在支架上发生位移，使得电缆本体与支架边缘相互挤压。或者在敷设过程中，电缆与支架未处于同一水平面，导致电缆与支架尖锐处接触，由于电缆自身重力作用，运行过程中逐渐对电缆金属护套或外护套造成损伤，形成接地并发热，最终导致绝缘击穿。

（4）外部单位施工损伤电缆本体。此类故障一般由非电缆施工单位进行地面开挖、地基建设等工作时，野蛮施工，未进行地下管线勘探，或未按照运维人员交底情况，错误预估电缆位置，导致电缆受到外力损伤。

三、电缆内部结构受潮导致本体故障

（1）施工过程中未做好电缆断头密封。在电缆施工过程中，若工期较长，在电缆断头处未采取热缩管等密封措施，或者未搭建施工棚，无法对施工环境的温、湿度进行掌握，导致空气中的潮气侵入电缆，一般情况下会造成绝缘受潮或引起阻水层体积与电导率变化。绝缘受潮后，电缆在长期运行过程中，绝缘老化加速，逐渐形成水树，最终导致击穿；阻水层受潮较严重时则可能导致缓冲层烧蚀。

（2）电缆本体损伤导致内部受潮。电缆在施工或者是运行过程中，因刚性固定不足或电蠕动等导致电缆本体破损。如果电缆运行环境较差，潮气较大或者通道内水分较多，也可能造成电缆内部受潮，逐步形成击穿故障。

第四节　电力电缆本体故障及缺陷预防措施

一、日常运维巡视检测

日常巡视与带电检测是防止电力电缆故障发生的根本措施，应严格按照相关规定，做好日常运维工作，及时发现电缆缺陷。就目前来讲，红外测温仍然是发现电缆半导电缓冲层烧蚀缺陷简单、有效的手段。

针对在运线路，与相关厂家再进一步调查电力电缆在阻水（缓冲）带材料、生产过程和电力电缆结构设计等方面可能存在的问题，确定存在问题的电缆批次，确定不同厂家阻水（缓冲）带材料的进货来源、到货检验等情况。选择存在缺陷的电缆先期开展测温、局部放电、X 射线无损检（监）测工作。电缆批次确定后，通过局部放电、X 射线无损检（监）测等手段开展隐患排查。根据现场检测与后续实物取样解剖结果，积极制订留用、加强监测或更换的故障反措。

二、严格做好电力电缆生产准备验收相关工作

从电力电缆金属护套结构来看，高压电力电缆缓冲层要全部紧密接触金属套和绝缘半导电层显然是不可能的。但是缓冲层阻水带的电阻应尽可能低，从而降低发热。在设备投产之前需做好验收工作，让厂商提供相关第三方试验报告，必要时可对设备进行抽检，特别是电缆半导电缓冲层的体积电阻率和表面电阻，就目前来看，缓冲层烧蚀的故障电缆这两项指标均不合格。

到货验收时，首先，要注意产品的技术文件要齐全；其次，电缆的型号、规格、长度符合订货要求，附件应齐全，电缆外观不应破损；电缆端部应密封良好，外观检查有怀疑时，应进行受潮判断或者试验；最后，电缆及其附件的运输及贮存应符合有关要求，防止电缆损伤。

三、加强施工质量管理

由于高压电缆在运行中操作冲击的电容电流不可避免，因此在电缆施工过程中，应尽可能避免潮湿空气接触缓冲层，从而消除金属套的电化学腐蚀。在高压电缆施工中，牵引应尽可能分布均匀，避免挤压过度，造成金属套变形，从而导致缓冲层烧蚀。

因此，在电缆施工过程中，需要运行单位加强施工质量管控，在某些关键施工环节过程留存影像资料，按照有关标准工艺流程严格质量把关。同时，上级有关单位也可制订相应的制度，例如开展施工人员电缆接头取证或准入等工作，开展技术比武与考试，整体提高施工人员的技能水平，并严格管控现场施工人员施工质量，以提升运行稳定性。

四、做好电力电缆防外破管理

运检单位应开展电力设施保护宣传教育工作，建立和完善电力设施保护工作机制和责任制，加强电力电缆及通道保护区管理，防止外力破坏。运检单位应按Q/GDW 1512—2014《电力电缆及通道运维规程》的要求掌握电力电缆通道详细资料，做好电缆路径标识。对在电力电缆及通道保护区范围内的违章施工、搭建、开挖等违反《电力设施保护条例》和其他可能威胁电网安全运行的行为，应及时进行劝阻和制止，必要时向有关单位和个人送达隐患通知书，并向当地供电企业报告。经供电企业批准，在电缆保护范围内的施工，运检单位必须严格审查施工方案，督促建设单位制订和落实安全防护措施，签订保护协议书，明确双方职责。必要时安排人员到现场进行监护。运检部门（或单位）应积极争取当地市政及规划建设管理部门的支持，在审批破路及其他各项工程项目时，要求设计、施工单位或项目业主单位进行地下电力管线咨询。因施工必须挖掘而暴露的电缆或通道，应由运检人员在场监护，并告知施工人员有关施工注意事项和保护措施。工程结束覆土前，运检人员应检查电缆及相关设施是否完好，安放位置是否正确，待恢复原状后，方可离开现场。

第五节　电力电缆典型本体故障案例

一、110kV 某电力电缆线路本体击穿故障一

（一）故障基本情况

某日 5 时 53 分，断路器差动保护动作跳闸，保护装置显示故障相别为 C 相，测距距变电站 2.85km。

1. 故障现场情况

运维人员检查发现 110kV 某电缆线路 5 号中间接头向北侧 70m 处 C 相电缆本体击穿，如图 1-3 所示。运维人员对 110kV 某电缆线路全线进行检查，未发现其他故障点。

2. 线路基本情况

110kV 某线为电缆线路，总长度 2.85km，有 2 组终端接头和 5 组中间接头。线路为隧道敷设方式，隧道结构为暗挖，隧道内敷设 2 回 110kV 线路，无 10kV 电缆线路。

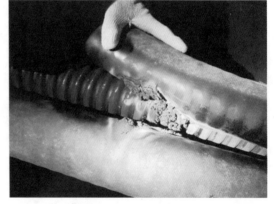

图 1-3　110kV 某电缆线路电缆本体击穿

（二）解体检查情况

1. 故障点解体情况

经对故障点解体可知，故障击穿区域位于 C 相电缆底部，击穿区域可见电缆铜导体裸露，交联聚乙烯主绝缘、皱纹铝护套、外护套均已被烧出孔洞，电缆半导电缓冲带已被严重烧蚀，如图 1-4 所示。

2. 故障电缆段解体情况

对 5 号接头至站内终端之间 C 相故障电缆段，选取多个样品进行解体分析，通过解体分析发现该段电缆靠近电缆支架一侧，金属护套、半导电缓冲带、电缆

外半导电层部位存在分布不均、烧蚀程度不同的放电点。解体情况如下：

将 C 相靠近电缆支架一侧电缆本体外护套剥除，将金属护套剖开，可见金属护套表面有多处放电痕迹，放电痕迹位于波谷位置，如图 1-5 所示。

图 1-4　故障击穿情况　　　　　图 1-5　皱纹铝内侧波谷位置烧蚀情况

进一步剥除半导电缓冲带，可见半导电缓冲带、电缆外半导电层存在多处明显的放电烧蚀痕迹，半导电缓冲带带材表面有白色颗粒状物析出，如图 1-6 所示。

图 1-6　半导电缓冲带、交联聚乙烯绝缘表面烧蚀情况

半导电缓冲带电缆多处可见明显烧穿孔洞，部分与之对应交联聚乙烯外表面也明显可见烧穿孔洞，如图 1-7 所示。金属护套与半导电防水缓冲层、绝缘外半导电示意图如图 1-8 所示。

（a）半导电缓冲带可见明显烧蚀孔洞　　　　（b）主绝缘表面可见明显烧蚀孔洞

图 1-7　半导电缓冲带及主绝缘表面可见明显烧蚀孔洞

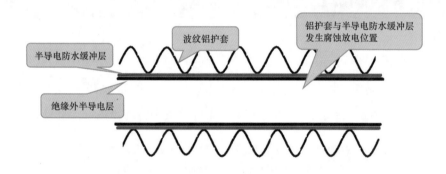

图 1-8　金属护套与半导电防水缓冲层、绝缘外半导电示意

将远离电缆支架一侧电缆本体外护套剥除，将金属护套剖开，金属护套表面、半导电缓冲带、电缆外半导电层未见明显异常。

对 110kV 清安二线 A、B 相电缆本体（非故障相）分别开 50cm 天窗，检查电缆内部未见异常。

（三）故障原因分析

通过对故障电缆本体进行解体分析，结合设备运行情况，分析如下：

（1）故障点位于 5 号中间接头与电缆终端之间，且故障前系统运行正常，排除外部原因导致电缆击穿。

（2）电缆本体故障与电缆线路负荷无直接关系，排除电缆长期重过载导致护层烧蚀故障。110kV 某电缆线路负载率极小，长期运行于轻载状态。

（3）故障相电缆半导电阻水带体积电阻率实测值大（实测值为 486964Ω•cm，大于标准值 100000Ω•cm），导致体积电阻率大的原因可能是电缆在出厂、现场安装或设备运行过程中受潮。

（4）电缆本体烧损部位均集中在铝护套波谷位置，现象为非圆周性烧损，电缆下侧存在烧蚀放电痕迹，该部位本体与铝护套局部接触较为紧密，左右两侧未见异常。

通过以上分析，初步分析故障原因为：电缆对地电容电流通过半导电阻水带、铝护套流入大地，半导电阻水带与铝护套之间呈点接触，故障相电缆半导电阻水带体积电阻率实测值大（实测值为 486964Ω•cm，大于标准值 100000Ω•cm），因此接触点处接触电阻值较大，长期流过电容电流在该处发热严重，发生电流烧蚀，最终导致电缆击穿。

（四）后续预防措施

（1）与相关厂家再进一步调查电缆在阻水（缓冲）带材料、生产过程和电缆结构设计等方面可能存在的问题，确定存在问题的电缆批次，确定不同厂家阻水（缓冲）带材料的进货来源、到货检验等情况。

（2）针对同厂家、同批次电缆开展专项检测工作。针对电缆本体开展红外测温专项检测工作，重点检测电缆本体局部温差点，针对局部温差大于 0.5℃的部位进行停电"开天窗"检查。针对隐患电缆开展 X 射线本体检测。

（3）针对同厂家、同批次电缆进行加装在线监测装置。重点包括对电缆本体光纤测温、电缆中间接头局部放电开展在线监测等。对设备运行状态进行实时在线监测。

二、110kV 某电力电缆线路本体击穿故障二

（一）故障基本情况

110kV 某电缆线路总长度 1.907km，有 2 组终端接头和 3 组中间接头，线路为隧道敷设方式，隧道结构为明开。

某日 18 时 32 分，变电站零序、过流保护出口动作跳闸。

经运维人员查线，发现该电缆线路 A 相电缆本体故障击穿。故障点位于相邻两档支架之间，击穿通道垂直向下。故障点邻近位置未见电缆护层硌伤。A 相电缆本体故障点如图 1-9 所示。

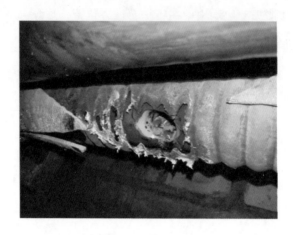

图 1-9　A 相电缆本体故障点

（二）解体检查情况

1. 外观检查

击穿点位置电缆外护套脱落，邻近位置外护套呈爆炸式开裂。铝护套、外半导电层、主绝缘层烧蚀现象明显，故障点击穿通道清晰，如图 1-10 和图 1-11 所示。击穿通道为外大内小的倒梯形结构。

图 1-10　故障点击穿通道外观

图 1-11　故障点细节图

2. 解体检查

（1）故障点解体情况。现场对故障点自外向内逐层拆解，可见金属护套除故障点位置完全烧穿外，邻近位置金属护套内侧也普遍存在放电烧蚀痕迹。其烧蚀点普遍位于波纹铝护套的波谷位置，即铝护套与半导电阻水带相接触的位置，如图 1-12 所示。在与之相对应位置的半导电阻水带上，广泛存在白色粉末状物质，如图 1-13 所示。内侧的外半导电层表面烧蚀现象普遍，如图 1-14 所示。与故障点击穿通道相似，外半导电层上的损伤点普遍呈现出外侧面积大、内侧面积小的倒梯形结构。

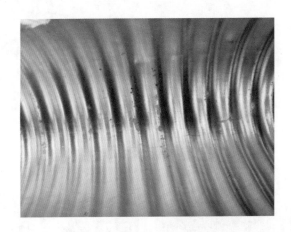

图 1-12　铝护套内侧烧蚀情况

图 1-13　半导电阻水带表面存在白色粉末状物质　　图 1-14　外半导电层多见烧蚀放电痕迹

（2）同一段电缆上其他位置解体情况。在作业现场，作业人员在故障线路 A
相 1～2 号接头间的电缆段上，均匀地选择了除故障点外的其他 4 个位置进行了电
缆的开断和解体，如图 1-15 和图 1-16 所示。解体情况显示，在该条电缆的其他
位置上，均出现了与故障点邻近位置相似的情况，半导电阻水带上出现白色粉末，
电缆外半导电表面多见烧蚀、损伤情况。

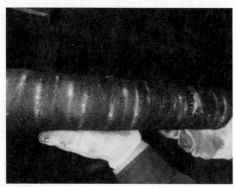

图 1-15　同一段电缆上不同位置阻水带表面均存在白色粉末

图 1-16　同一段电缆上不同位置外半导电层均存在烧蚀损伤

（三）带材检测情况

结合故障相电缆拆解过程中发现的阻水带异常情况，对三相电缆进行了绝缘
厚度、偏心度、机械性能、热延伸、半导电阻水带电阻率等多项检测。半导电阻
水带电阻率测试结果如表 1-1 所示，包括非故障相在内的 3 相半导电阻水带电阻
率均高于标准规定值。

表 1-1　　110kV 某电缆线路 3 相电缆半导电阻水带电阻及电阻率检测结果

序号	相别	检测内容	测量值	检测结果
1	A 相（故障相）	半导电阻水层体积电阻率（Ω·cm）	1031182	不符合要求
		半导电阻水层表面电阻（Ω）	10131	不符合要求
2	B 相	半导电阻水层体积电阻率（Ω·cm）	221946	不符合要求
		半导电阻水层表面电阻（Ω）	2730	不符合要求
3	C 相	半导电阻水层体积电阻率（Ω·cm）	200834	不符合要求
		半导电阻水层表面电阻（Ω）	2473	不符合要求
检测标准值		半导电阻水层体积电阻率（Ω·cm）	不大于 105	—
		半导电阻水层表面电阻（Ω）	不大于 1500	

注　JB/T 10259—2014《电缆和光缆用阻水带》中要求，表面电阻不大于 1500Ω，体积电阻率不大于 $1×10^5 Ω·cm$。

（四）故障原因分析

1. 解体、试验、检测情况

（1）烧蚀程度无明显位置相关性。故障发生后截取了大量的电缆进行解体分析，在不同段电缆均发现了电缆外半导电层、半导电阻水层、波纹铝护套内壁存在不同程度的烧损现象，烧损现象无明显递增或递减变化，未发现烧损现象与电缆位置存在明显相关性。

（2）烧损程度与波纹铝护套接触程度有关。烧损均集中在波纹铝护套波谷位置；现象为非圆周性均匀烧损，皱纹铝护套与半导电阻水带接触越紧密，烧损越严重，与金属护套未紧贴的圆周面鲜有明显烧蚀点。根据现场观察，电缆不存在偏心或由于运输、敷设造成的明显变形。造成不同角度接触程度存在差异的主要原因可能在于电缆自身重力，使得电缆上下侧铝护套与半导电阻水带的接触相比左右侧更为紧密。故障点位置也是典型的接触紧密点，击穿通道垂直向下的方向与全线多数缺陷点的方向一致。

（3）根据故障点情况以及解体发现的带材、外半导电烧蚀情况，可以判断烧蚀过程是由外部向内部发生。

2. 原因分析

通过对电缆解体分析，发现电缆外半导电层存在大量分布不均且大小不一的放电烧蚀痕迹，经过检测确认缓冲层体积电阻率和表面电阻不符合标准，加之电缆金属护套与半导电缓冲层不均匀接触，导致感应电流在金属护套与缓冲层紧密接触部位（波谷位置）密度较大，局部过热导致电缆半导电缓冲层烧损，逐渐向内烧蚀电缆外半导电层与电缆绝缘，造成电缆主绝缘击穿，导致电缆故障。

基于以上情况，可判断造成此次故障的根本原因在于电缆中应用的阻水带产品质量存在缺陷。在多年的运行过程中，缺陷逐步扩大，并最终形成放电通路，造成电缆本体击穿。故障原因属于产品质量问题。

（五）后续预防措施

（1）与相关厂家再进一步调查电缆在阻水（缓冲）带材料、生产过程和电缆结构设计等方面可能存在的问题，确定存在问题的电缆批次，确定不同厂家阻水（缓冲）带材料的进货来源、到货检验等情况。

（2）选择存在缺陷的电缆先期开展局部放电、X 射线无损检（监）测工作，积累检测经验和建立典型缺陷库。

（3）电缆批次确定后，通过局部放电、X 射线无损检（监）测等手段开展隐患排查。

（4）根据现场检测与后续实物取样解剖结果，积极制订留用、加强监测或更换的故障反措。加强与有关单位沟通，获取以往类似缺陷的带电检测案例，并邀请给予局部放电检测、分析诊断等技术支持。

三、220kV 某电力电缆线路本体击穿故障

（一）故障基本情况

220kV 某线路采用架混敷设方式。电缆总长度为 1.51km。有 2 组中间接头、

1组直通头、1组现场气体绝缘金属封闭开关设备（gas insulated switchgear，GIS）终端、1组户外空气终端，全线电缆在隧道内敷设。

1. 故障现场情况

某日2时59分，220kV某线路双套纵差保护动作跳闸，重合不成功。故录组网显示故障相为B相。

2. 查线情况

4时10分，根据测温光纤异常温度位置，电缆运维人员开始故障查线。发现距变电站200m左右，0-1直通头北侧7m B相电缆本体击穿，击穿点位于品字形排列上侧，上方敷设防火隔板，未影响10kV电缆，如图1-17～图1-19所示。

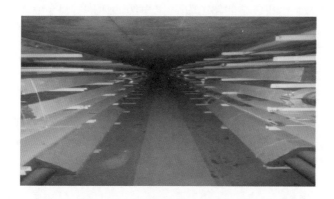

图1-17　隧道内电缆布置情况

防火隔板

故障击穿点

图1-18　隧道内击穿点位置情况

防火隔板

故障击穿点

图 1-19　B 相电缆本体击穿近景图

（二）解体检查情况

故障发生后，对 220kV 某线路 B 相故障电缆本体进行了解体分析，解体情况如下。

1. 外观检查

（1）电缆外护套：击穿点处外护套几乎全部开裂，部分脱落，如图 1-20 所示。

（2）电缆金属护套：击穿点处铝护套已严重烧蚀，形成一个直径约 110mm 的击穿孔，如图 1-21 所示。

（3）电缆本体击穿点距离金属支架约 300mm，检查未见电缆有机械性损伤痕迹，电缆支架未见放电痕迹。

图 1-20　故障段电缆外观情况

图 1-21 电缆击穿孔情况

2. 解体检查

（1）接近故障点电缆情况。剥离外护套，将金属护套剖开，可见金属护套表面有多处放电痕迹，如图 1-22 和图 1-23 所示。放电痕迹位于波谷位置，进一步剥除半导电缓冲带，可见半导电缓冲带、电缆外半导电层存在多处明显的放电烧蚀痕迹，如图 1-24 所示，半导电缓冲带带材表面有白色颗粒状物，且有土黄色污渍。

图 1-22 铝护套内表面和半导电缓冲层烧蚀情况

图 1-23 外半导电、半导电缓冲带、金属护套烧蚀点对应情况

图 1-24　电缆外半导电层烧蚀情况

（2）远离故障点部分电缆本体解体情况。对远离故障点部分的电缆本体进行解体，解体发现电缆外半导电层、半导电缓冲带、金属护套有多处放电烧蚀痕迹，三者一一对应，如图 1-25 所示。

图 1-25　远离故障点部分电缆本体放电痕迹

（3）同厂家三相电缆本体解体情况。对故障点以及沿线其他位置三相电缆进行解剖检查，检查情况如下：线路一段电缆长约 255m。为保证对三相电缆全线进行状态评估，因此选取故障点和距故障点 30、70、100、150、240m 位置共 6 个点位，各截取三相电缆，并逐相逐个进行解剖检查。

检查发现，截取的所有电缆段的电缆本体、半导电防水缓冲层上均有不同程度的放电痕迹且相应位置的铝波纹管内部有明显放电痕迹，如图 1-26～图 1-28 所示。从故障点位置向电缆终端方向逐步截取电缆，其内部放电现象并无因远离故障点而减少。

图 1-26　其他位置电缆本体放电痕迹

图 1-27　半导电防水缓冲层情况

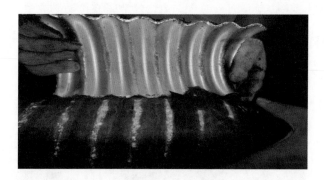

图 1-28　铝波纹管内部有明显放电痕迹

在放电现象相对严重的电缆段上，不仅以上两种现象出现得更加密集，还存在因放电造成半导电防水缓冲层出现破洞，以至于在电缆外半导电层上产生痕迹的现象，如图 1-29 和图 1-30。

图 1-29　电缆外半导电层上产生痕迹

图 1-30　半导电防水缓冲层出现破洞

通过对以上情况进行汇总发现，出现问题的位置普遍在电缆外护套与电缆半导电防水缓冲层紧密接触位置（见图 1-31），非紧密接触侧放电现象明显减少。对半导电防水缓冲层进行逐层剥离，通过剥离，越靠近绝缘外半导电层，带材腐蚀程度越低。

图 1-31　电缆内部紧密接触位置情况

（4）同线路非同厂家电缆本体解体情况。对电缆直通头另外一侧不同厂家电缆进行截取，电缆金属护套、防水层、缓冲层、绝缘外屏蔽均未发现异常，如图1-32和图1-33所示。

图 1-32　非故障电缆厂家缓冲层和防水层

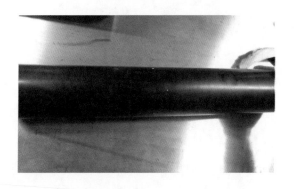

图 1-33　非故障电缆厂家绝缘外半导电层

（三）电缆试验情况

对 220kV 某线路 B 相临近故障侧电缆在试验室环境进行试验，试验电压由 $1U_0$ 逐渐升至 $2U_0$，同时使用高频、超高频等检测手段进行局部放电检测，每升高 $0.1U_0$ 记录一次局部放电数据，发现电缆在 $2U_0$ 及以下电压等级均无异常信号，持续 30min，试验通过。具体试验情况如下。

1. **试验布置**

将 30m 电缆样品安装到电缆盘上，电缆的两端按照试验要求剥开并插入试验用水终端内。利用屏蔽大厅内的高压谐振试验电源通过水终端给电缆加压。电缆的金属护套剥开后用铜线与接地系统相连。试验布置现场如图 1-34 所示。

图 1-34　试验布置现场

2. 试验方法选择

此次试验选择使用 4 套不同厂家的局部放电检测设备，代表了电缆局部放电检测最主要的 3 种检测方法。以便达到比对检测的目的。采用的 3 种方法、4 套设备分别是脉冲电流法 1 套设备、高频法 2 套设备、超高频法 1 套设备。

脉冲电流法是所有电缆厂试验大厅所使用的检测方法。该方法是一种在完全屏蔽的环境下利用高压谐振加压设备，从高压耦合电容器的低压臂通过检测阻抗提取局部放电信号的检测方法。其放电信号的有效检测范围为 10kHz～1MHz。

高频法利用高频电流互感器从电缆的接地线上提取放电电流脉冲信号，安装位置如图 1-35 所示，其放电信号的有效检测范围为 150kHz～20MHz 或更高。高频法没有环境的屏蔽要求，目前广泛应用于现场电缆局部放电检测。

超高频法利用高频天线从空间接收局部放电信号，其放电信号的有效检测范围为 30MHz～3GHz 或更高。超高频法目前广泛应用于 GIS 组合电器及电缆 GIS 终端的局部放电检测。对检测高压大厅内各高压连接处电晕放电也是有效的。

图 1-35　现场高频 TA 安装位置

3. 试验结果

利用试验大厅的谐振试验电源对电缆样品加压，利用以下 4 套局部放电检测设备同时开展局部放电测量，测量结果如表 1-2 所示。

表 1-2　　　　　　　　110kV 某电缆电力电缆线路试验结果对比

序号	设备	传感器	$1U_0$	$2U_0$
1	高频设备 1	HFCT	未检测到放电	检测到电晕放电
2	高频设备 2	HFCT	未检测到放电	检测到电晕放电
3	脉冲电流法设备	耦合电容	未检测到放电	未检测到放电
4	超高频设备	特高频天线	未检测到放电	未检测到放电

所有设备均未检测到电缆内部放电。

4. 试验结果分析

所送 30m 样品在试验电压加到 $2U_0$ 时也没有出现放电。在试验准备阶段剥开电缆两端时已经发现运行时放电留下的外屏蔽层烧蚀痕迹。未检测到局放信号的原因可能是电缆样品在截取和运输过程中电缆铝护套、电缆阻水层、电缆外半导电层的间隙出现了变化，原本放电的部位不再放电。

（四）材料分析情况

1. 故障区域电缆切片分析

对故障点左右各 100mm 位置，分别切 80 个切片，测量其绝缘厚度、绝缘偏

31

心度、绝缘层微孔和杂质、半导电屏蔽与绝缘界面的微孔、突起、绝缘热延伸检测，如图 1-36 和图 1-37 所示，检测结果符合 GB/Z18890《额定电压 220kV（U_m=252kV）交联聚乙烯绝缘电力电缆及附件》要求。

图 1-36　故障电缆段切片情况

图 1-37　电缆电力电缆切片检测情况

2. 故障区域电缆半导电阻水带分析

电缆半导电阻水带经第三方检测分析，电阻率及膨胀率检测结果不符合企业内部标准要求。

（五）故障原因分析

1. 解体、试验、检测情况

（1）烧蚀程度无明显位置相关性。故障发生后截取了大量的电缆进行解体分析，在不同段电缆均发现了电缆外半导电层、半导电缓冲层、皱纹铝护套内壁存在不同程度的烧损现象，并未发现烧损现象与电缆位置存在明显相关性。

（2）烧损程度与皱纹铝护套接触程度有关。烧损均集中在皱纹铝护套波谷位置；现象为非圆周性均匀烧损，皱纹铝护套与半导电缓冲带接触越紧密，烧损越严重，与金属护套未紧贴的圆周面鲜有明显烧蚀点。

（3）根据故障点情况以及解体发现的带材、外半导电烧蚀情况，可以判断烧蚀过程是由外部向内部发生。

2. 原因分析

通过对电缆解体分析，发现电缆外半导电层存在大量分布不均且大小不一放电烧蚀痕迹，分析推断故障原因为：电缆金属护套与半导电缓冲层不均匀接触，导致感应电流在金属护套与缓冲层紧密接触部位（波谷位置）密度较大，局部过热导致电缆半导电缓冲层烧损，逐渐向内烧蚀电缆外半导电层与电缆绝缘，造成电缆主绝缘击穿，导致电缆故障；电缆缓冲层体积电阻率和表面电阻不符合标准要求是此次故障的次要原因。

（六）后续预防措施

（1）委托专业机构开展电缆缓冲层高温老化试验分析。

（2）完成 220kV 同厂家电缆线路在线局部放电检测装置加装工作。

（3）联系相关专业机构及厂家，继续研究该类型缺陷的有效检测手段。

四、110kV 某电力电缆线路半导电缓冲层烧蚀缺陷

（一）缺陷基本情况

1. 线路基本信息

110kV 某电缆线路，长度为 1.664km。电缆型号为 ZR-YJLW02-64/110kV-1×800mm²，敷设方式为隧道敷设。线路有 2 组 GIS 终端、3 组中间接头。

2. 缺陷发现情况

某日 9 时，运维人员在隧道内巡视及电缆线路检测过程中，发现 110kV 某电缆线路本体温度异常，发热点温度 26.3℃，临近位置温度 24.2℃，局部温差 2.1℃，发热点位于临近电缆接地箱位置，外观检查无异常。电缆本体发热点位置如图 1-38 所示，发热点热成像仪检测情况图 1-39 所示。

随后现场对缺陷点、临近位置接头及所在互联段开展了高频局部放电、特高频局部放电、护层环流、X 射线等多手段状态检测，未见异常信号。

（二）解体检查情况

运维单位就电缆本体发热缺陷向调度申请停电检查处理。经现场检查，电缆

铝护套内侧存在明显的烧蚀放电情况，相应位置电缆外半导电屏蔽层存在明显放电痕迹，半导电缓冲层上存在少量的白色阻水剂粉末析出。以上现象均为典型高压电缆半导电缓冲层故障特征。现场检查过程详细说明如下。

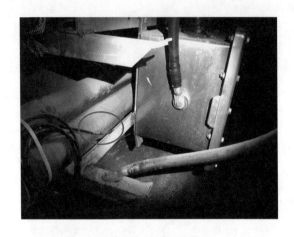

图 1-38　电缆本体发热点位置

图 1-39　发热点热成像仪检测情况

（1）本体发热位置剥去外护套，外观检查无异常，如图 1-40 所示。

（2）通过"开天窗"的方式，发现阻水缓冲带上存在少量的白色阻水粉末析出。

（3）环切铝护套，外观检查发现阻水层、铝护套内侧普遍存在放电烧蚀痕迹，且烧蚀点普遍位于波纹铝护套的波谷位置，即铝护套与半导电阻水带相接触的位置，如图 1-41 所示。在与之相对应位置的半导电阻水带上，存在大量的白色阻水粉末状物质析出。

图 1-40　电缆铝护套外表面无异常

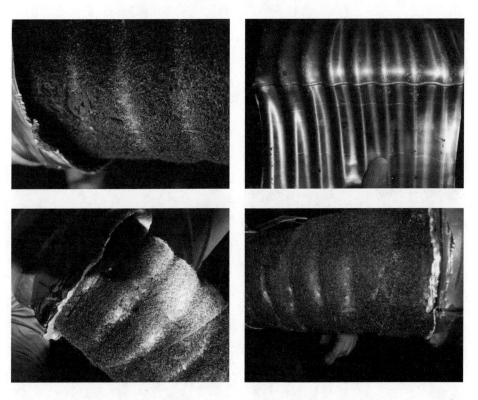

图 1-41　铝护套内表面、半导电缓冲层表面存在烧蚀痕迹

（4）打开阻水层，内侧的外半导电层普遍存在表面烧蚀现象，且与阻水带白

色粉末析出位置、铝护套放电点一一对应，如图 1-42 所示。

图 1-42　电缆外屏蔽层烧蚀现象明显

（5）在作业现场，作业人员在 110kV 某线路同相同段电缆段上，对除故障点外的多个位置进行了电缆解体检查。解体情况显示，在该条电缆的其他位置上，均出现了与发热点位置相似的情况，外半导电层、阻水带、铝护套间表面多见烧蚀、损伤情况，如图 1-43 所示。

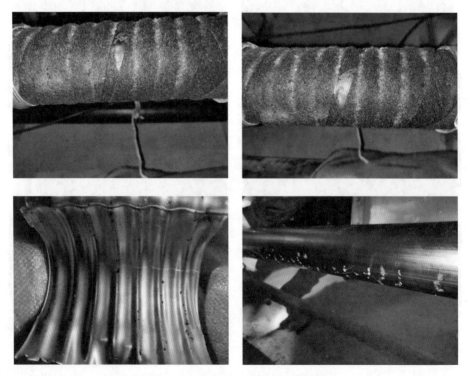

图 1-43　电缆段其他位置放电烧蚀情况

（6）缓冲层阻水带性能测试情况。针对该线路缺陷情况，现场对缺陷相（A相）及非缺陷相（B相）缓冲层阻水带进行了取样，其中A相缓冲层存在烧蚀情况，B相缓冲层无烧蚀现象，检测结果如表1-3所示。

表1-3　　　　　　　　110kV某电缆线路缓冲层阻水带检测结果

序号	检测项目	检测数据		标准规定
		A相	B相	
1	厚度（mm）	2	2	—
2	宽度（mm）	60	60	—
3	膨胀速率 （浸水1min时膨胀高度，mm/min）	2.4	1.2	不小于16
4	膨胀高度 （浸水5min时膨胀高度，mm）	8	1.4	不小于20
5	表面电阻（Ω）	3133	670	不大于1500
6	体积电阻（Ω）	4800	1675	—
7	体积电阻率（Ω·cm）	$4.7×10^5$	$1.6×10^5$	不大于$1×10^5$

检测结果显示，A相缓冲阻水带膨胀速率、膨胀高度、表面电阻及体积电阻率4项指标不符合标准要求；B相缓冲阻水带表面电阻符合标准要求，膨胀速率、膨胀高度及体积电阻率3项指标不符合标准要求；B相缓冲阻水带表面电阻及体积电阻率显著低于A相缓冲阻水带。

（三）缺陷原因分析

1. 缺陷现象及检测情况

此次缺陷现象与此前发现的半导电缓冲层烧蚀故障现象较为相似，电缆外半导电屏蔽层的烧蚀程度无明显位置相关性。在不同段电缆均发现了电缆外半导电层、半导电阻水层、波纹铝护套内壁存在不同程度的烧蚀现象，烧蚀现象无明显递增或递减变化，未发现烧蚀现象与电缆位置存在明显相关性。

烧蚀程度与波纹铝护套接触程度有关。烧蚀均集中在波纹铝护套波谷位置；铝护套与半导电阻水带接触越紧密，烧蚀越严重，与金属护套未紧贴的圆周面鲜有明显烧蚀点（烧蚀点多位于电缆底侧及两侧）。根据现场观察，电缆不存在偏心或由于运输、敷设造成的明显变形。造成不同角度接触程度存在差异的主要原因可能在于电缆自身重力，使得电缆上、下侧铝护套与半导电阻水带的接触相比，左、右侧更为紧密。

2. 原因分析

经过检测确认电缆缓冲层体积电阻率和表面电阻率不符合标准，加之电缆金属护套与半导电缓冲层不均匀接触，导致感应电流在金属护套与缓冲层紧密接触部位（波谷位置）密度较大，局部过热导致电缆半导电缓冲层烧损，逐步形成电缆本体缺陷。

基于以上情况，可判断造成此次缺陷原因在于电缆中应用的阻水带产品质量不满足要求。在多年的运行过程中，逐渐形成缺陷。

（四）后续预防措施

近年来，半导电缓冲层烧蚀引发的故障频发，此次通过红外测温发现电缆本体半导电缓冲层烧蚀缺陷为国家电网范围内首例通过运维检测发现该类缺陷的案例。现阶段在各类检测手段针对该类缺陷均未取得良好检测效果的背景下，此次案例也成为下一阶段针对半导电缓冲层烧蚀缺陷开展运维检测工作的突破口，下一阶段计划开展的工作如下。

（1）针对供电保障重点线路、发生过半导电缓冲层故障、缺陷的厂家线路开展专项电缆本体红外测温工作，重点针对局部相间温差、局部临近位置温差开展排查、检测、分析。

（2）对隧道内电缆本体测温，联系设备厂家共同对隧道内电缆本体测温设备进行定制改造，优化隧道内电缆测温及记录形式。

（3）与相关厂家进一步调查电缆在阻水（缓冲）带材料、生产过程和电缆结构设计等方面可能存在的问题，确定存在问题的电缆批次，确定不同厂家阻水（缓冲）带材料的进货来源、到货检验等情况。

（4）选择存在缺陷的电缆先期开展热成像测温、局部放电、X射线无损检（监）测工作，积累检测经验和建立典型缺陷库。

（5）充分落实现场施工质量管控。通过做好电缆断头位置密封措施，搭设作业棚控温、湿度，留存施工影像资料等多种措施，避免电缆进水导致阻水缓冲带及阻水缓冲带在施工中受潮。

第二章
电力电缆终端典型故障缺陷

第一节　电力电缆终端一般结构

　　高压电力电缆终端是装配到电缆线路首末端，用以保证与电网或其他用电设备的电气连接，并且作为电力电缆导体线芯绝缘引出的一种装置，其应该具有良好的气密性和绝缘性能。电缆终端处的电阻小并均匀，能够经受住故障电流的冲击。高压电缆终端制作工艺水平决定了供电的可靠性和稳定性，因此有着严格的标准和要求。

　　电缆终端的选材应具有良好的机械强度、耐腐蚀性、耐热性，如果施工质量不良或者受到温湿度等外部环境因素影响，就有可能造成电缆主绝缘被击穿，出现放电现象，甚至引起火灾等。所以，制作良好的终端要满足绝缘性高、密封效果好、机械强度大、导体连接优良等要求。

　　高压电缆终端由内绝缘（有增绕式和电容式两种）、外绝缘（一般用瓷套管或环氧树脂套管）、密封结构、出线杆（它与电缆线芯的连接有卡装和压接两种）、屏蔽罩等部分组成。

　　终端的结构型式根据电缆型式、电压等级及用途的不同而不同，现按不同的制作工艺及用途分别叙述。

一、按制作工艺分类

按制作工艺分类，主要有绕包带型（增绕绝缘和电容锥式）、模塑型（增绕绝缘和电容锥式）、浇铸型、预制型等几种。

（一）绕包带型终端

绕包带型终端头的应力锥、增绕绝缘部分都用绝缘自粘带绕包，用半导体自粘带绕包屏蔽。为了提高终端的电气性能，一方面需要提高自粘带的绝缘性能，另一方面应采取电容式结构。

这种结构的特点如下：

（1）手工绕包自粘带，在绝缘层中按设计夹入铝箔，构成电容锥结构。

（2）为了改善电性能，在铝箔的两端以及在绝缘中电场不均匀区域都绕包半导体带。

（3）最外面包两层硅橡胶带，提高耐电晕性和耐环境污染性，但不能有撕裂或损伤。

绕包带型终端的结构示意图如图 2-1 所示。

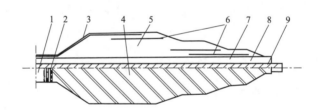

图 2-1　绕包带型终端的结构示意图

1—电缆护套；2—铜带屏蔽末端扎紧；3—铝箔；4—两层硅橡胶带；

5—丁基橡胶和交联聚乙烯组成自粘带；6—电容极板；7—电缆绝缘；

8—挤压半导电屏蔽；9—线芯

（二）模塑型终端

模塑型终端一般用辐照聚乙烯带模塑应力锥，绝缘材料采用 0.1～0.2mm 厚的辐照聚乙烯带，导电材料为导电的聚乙烯和导电的辐照聚乙烯带并用。模塑应力锥结构示意图如图 2-2 所示，可按图 2-2 所示的结构进行加工。

（1）在电力电缆的化学交联聚乙烯表面涂以有机过氧化物，可能产生新的交联面提高黏结强度。

（2）在真空下加压模塑成型。

（3）模塑应力锥用透明聚四氟乙烯带包缠并套以热收缩的塑料套，使表面紧密无外径变形，加工后可以观察绝缘内部质量。

（4）用导电的聚乙烯和导电的辐照聚乙烯制作应力锥喇叭口，并使喇叭口末端具有最适当的曲率半径。

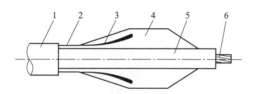

图 2-2　模塑应力锥结构示意图

1—聚氯乙烯护套；2—外部导电层；3—导电性聚乙烯和辐照聚乙烯；

4—辐照聚乙烯；5—电缆绝缘；6—线芯

（三）浇铸型终端

浇铸型终端的工艺同浇铸型接头一样，应力锥为熔融的聚乙烯在氮气压力下浇铸而成。外绝缘用瓷套。应力锥的外缘有一环状分隔膜，卡紧在瓷套内壁上，使瓷套内腔分为上、下两部分，上部分充硅油（或矿物油），下部为空腔，以防止油对应力锥屏蔽和电缆屏蔽层有不良影响，其结构如图 2-3 所示。

（四）预制型终端

预制型终端主要有预制应力锥型和预制绝缘管型两种。

预制应力锥型的应力锥是事先用模塑辐照聚乙烯或模压乙丙橡胶预制而成，在现场把它插入电缆末端。插入的方式有两种，一种是在电缆绝缘体上包一些特殊浸渍的纸带，然后把预制的应力锥插装上去，如图 2-4（a）所示。另一种是弹簧压紧结构，当应力锥装到预定部位后，将金具和弹簧紧压，使界面紧密接触，其结构如图 2-4（b）所示。

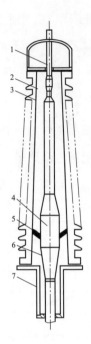

图 2-3　聚乙烯电缆浇铸型终端

1—连接杆；2—绝缘填充剂；3—瓷套；4—浇铸应力锥；5—金属环；

6—半导体漆和软金属屏蔽；7—尾管

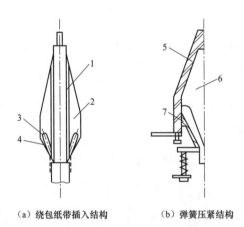

（a）绕包纸带插入结构　　　（b）弹簧压紧结构

图 2-4　预制应力锥插入方式示意图

1—浸渍纸；2—绝缘；3—半导电层；4—金属屏蔽；

5—环氧树脂；6—应力锥；7—紧压金属

图 2-5（a）所示的预制绝缘管型终端的结构，其底部由导电性合成橡胶填充，在其上面由绝缘合成橡胶填充，在上面套以预制绝缘管。它们依次套上电缆末端后，在顶部通过弹簧和压板加以轴向压紧。瓷套支撑环上部凡有间隙的地方都充以硅油。

图 2-5（b）所示的预制绝缘管型终端头结构，也称为预制"隔栏"元件型。其中，应力锥和隔栏元件都是单个的，安装时只需套上电缆末端即可。瓷套内不充油，所以隔栏元件都做成裙边形状，以增加沿面放电强度。应力锥和隔栏元件都由合成橡胶制成。

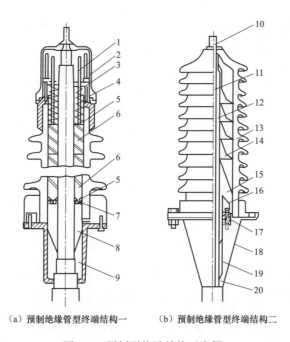

（a）预制绝缘管型终端结构一　　　（b）预制绝缘管型终端结构二

图 2-5　预制型终端结构示意图

1—弹簧导体；2—压板支持杆；3—压板；4—弹簧；5—硅油；6—预制绝缘管；7—支撑板；

8—绝缘合成橡胶；9—导电合成橡胶；10—出线杆；11—线芯；12—绝缘；13—瓷套；

14—隔栏元件；15—应力锥；16—应力锥喇叭口；17—弹簧装置；18—尾管；

19—绝缘屏蔽与应力锥连接；20—电缆绝缘的半导电屏蔽

预制型终端安装时间短，并且可免除在现场使用各种特殊工具（模塑），且对现场施工技术要求相对较低，因此是应用最为广泛的结构型式。

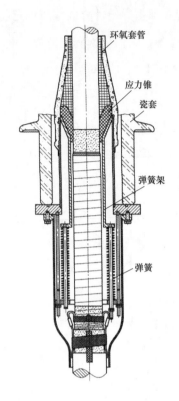

环氧套管

应力锥

瓷套

弹簧架

弹簧

图 2-6 110kV 交联聚乙烯电力
电缆干式 GIS 终端结构示意图

二、按用途分类

高压电力电缆终端通常有敞开式结构、封闭式结构（即 GIS）两种结构型式，为此配套的电缆终端也分为敞开式和封闭式两种。如果室内设备是封闭式的，通常采用 GIS 终端；如果室内设备是敞开式的，通常采用户外终端来连接设备。

（一）GIS 终端

110kV 及以上交联聚乙烯绝缘电力电缆终端其增强绝缘部分（应力锥）一般采用预制橡胶应力锥型式。增强绝缘的关键部位是预制件与交联聚乙烯电缆绝缘的界面，主要影响因素如下：

（1）界面的电气绝缘强度。

（2）交联聚乙烯绝缘表面清洁程度。

（3）交联聚乙烯绝缘表面光滑程度。

（4）界面压力。

（5）界面间使用的润滑剂。

110kV 交联聚乙烯绝缘电力电缆终端其应力锥结构一般采用以下型式：

（1）干式终端头结构即弹簧紧固件—应力锥—环氧套管结构。在终端头内部采用应力锥和环氧套管，利用弹簧对预制应力锥提供稳定的压力，增加了应力锥对电缆和环氧套管表面的机械压强，从而提高了沿电缆表面击穿电场强度。环氧套管外的瓷套内部仍需添加绝缘填充剂。110kV 交联聚乙烯电缆干式 GIS 终端结构示意图如图 2-6 所示。

（2）湿式终端头结构即绕包带材—密封底座—应力锥结构。在终端头内部采用应力锥和密封底座，利用绕包带材保证绝缘屏蔽与应力锥半导电层的电气连接和内外密封，终端内部灌入绝缘填充剂，如硅油或聚异丁烯。电力电缆在运行中绝缘填充剂热胀冷缩，为避免终端头套管内压力过大或形成负压，通常采用空气腔、油瓶或油压力箱等调节措施。110kV 交联聚乙烯电缆湿式 GIS 终端结构示意图如图 2-7 所示。

（二）户外终端

110kV 及以上交联聚乙烯绝缘电力电缆终端其增强绝缘部分（应力锥）一般采用预制橡胶应力锥型式。110kV 交联聚乙烯绝缘电力电缆终端其应力锥结构一般采用以下型式。

（1）干式终端头结构即弹簧紧固件—应力锥—环氧套管结构。在终端头内部采用应力锥和环氧套管，利用弹簧对预制应力锥提供稳定的压力，增加了应力锥对电缆和环氧套管表面的机械压强，从而提高了沿电缆表面击穿电场强度。环氧套管外的瓷套内部仍需添加绝缘填充剂。110kV 交联聚乙烯电缆户外干式终端头结构示意图如图 2-8 所示。

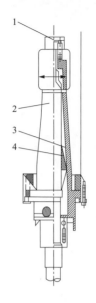

图 2-7　110kV 交联聚乙烯电缆湿式 GIS 终端结构示意图

1—导体引出杆；2—环氧树脂套管；

3—绝缘油；4—橡胶预制应力锥

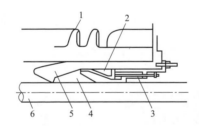

图 2-8　110kV 交联聚乙烯电缆户外干式终端结构示意图

1—瓷套管；2—压环；3—弹簧；4—橡胶预制应力锥；5—环氧树脂件；6—电缆绝缘

（2）湿式终端头结构即绕包带材—密封底座—应力锥结构。在终端头内部采用应力锥和密封底座，利用绕包带材保证绝缘屏蔽与应力锥半导电层的电气连接和内外密封，终端内部灌入绝缘填充剂，如硅油或聚异丁烯。电缆在运行中绝缘填充剂热胀冷缩，为避免终端头套管内压力过大或形成负压，通常采用空气腔、油瓶或油压力箱等调节措施。110kV 交联聚乙烯电力电缆户外湿式终端头结构示意图如图 2-9 所示。

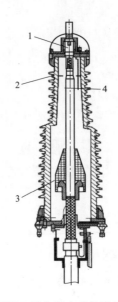

图 2-9　110kV 交联聚乙烯电缆户外终端湿式终端结构示意图

1—导体引出杆；2—瓷套管；3—橡胶预制应力锥；4—绝缘油

第二节　电力电缆终端施工工艺

一、GIS 终端安装步骤

（一）安装应力锥等主体附件

1. 应力锥装配一般技术要求

（1）保持电力电缆绝缘层的干燥和清洁。

（2）施工过程中应避免损伤电缆绝缘。

（3）在暴露的电缆绝缘表面，清除所有半导电材料的痕迹。

（4）涂抹硅脂或硅油时，应使用清洁的手套。

（5）只有在准备套装时，才可打开应力锥的外包装。

（6）安装前应以正确的顺序把以后要装配的终端尾管、密封圈等部件套入电力电缆。

（7）在套入应力锥之前应清洁粘在电缆绝缘表面上的灰尘或其他残留物，清洁方向应由绝缘层朝向绝缘屏蔽层。

2. 干式终端结构技术要求

（1）检查弹簧紧固件与应力锥是否匹配。

（2）先套入弹簧紧固件，再安装应力锥。

（3）在电力电缆绝缘、绝缘屏蔽层和应力锥的内表面上应涂上硅油。

（4）安装完弹簧紧固件后，应测量弹簧压缩长度在工艺要求的范围内。

（5）检查弹簧所在螺栓是否有阻碍弹簧自由伸缩的部件。

3. 湿式终端结构技术要求

（1）电缆导体处宜采用带材密封或模塑密封方式防止终端内的绝缘填充剂流入导体。

（2）先套入密封底座，再安装应力锥。

（3）在电缆绝缘、绝缘屏蔽层和应力锥的内表面上应涂上硅脂。

（4）用手工或专用工具套入应力锥，并在套到规定位置后清除应力锥末端多余硅脂。

（二）压接出线杆、连接管

要求压接前应检查一遍各零部件的数量、方向，有无缺漏，安装顺序是否正确。确认导体尺寸、压模尺寸和压力要求，按工艺图纸要求，准备压接模具和压接钳，按工艺要求的顺序压接导体。压接完毕后，要求检查压接延伸度和导体有无歪曲现象。压接完毕后对压接部位分进行处理，压接部位不得存在尖锐和毛刺。

根据工艺要求安装连接管屏蔽罩（如有），要求屏蔽罩的外径不得超过电力电缆的绝缘外径。

导体连接方式宜采用机械压力连接方法，建议采用围压压接法。采用围压压接法进行导体连接时应满足下列要求：

（1）压接前应检查核对连接金具和压接模具，选用合适的出线杆、连接管压接模具、钳头和压泵。

（2）压接前应清除导体表面污迹与毛刺。

（3）压接时导体插入长度应充足。

（4）压接顺序可参照 GB 14315《电力电缆导体用压接型铜、铝接线端子和连接管》的要求。

（5）围压压接每压一次，在压模合拢到位后应停留 10～15s，使压接部位金属塑性变形达到基本稳定后，才能消除压力。

（6）在压接部位，围压形成的边应各自在同一个平面上。

（7）压缩比宜控制在 15%～25%。

（8）分割导体分块间的分隔纸（压接部分）宜在压接前去除。

（9）围压压接后，应对压接部位进行处理。压接后连接金具表面应光滑，并清除所有的金属屑末、压接痕迹。压接后连接金具表面不应有裂纹和毛刺，所有边缘处不应有尖端。电力电缆导体与线端子应笔直无翘曲。

根据工艺要求安装接管屏蔽罩（如有）。屏蔽罩外径不得超过电力电缆绝缘外径。电力电缆终端部位保持笔直度。

导体连接注意事项如下：

（1）导体连接前应将经过扩张的预制橡胶绝缘件、热缩管材等部件预先套入电力电缆。

（2）导体连接方式宜采用机械压力连接方法，建议采用围压压接法。

（3）围压压接后，应对压接部位进行处理。压接后连接金具表面应光滑，并清除所有的金属屑末、压接痕迹。压接后连接金具表面不应有裂纹和毛刺，所有边缘处不应有尖端。电力电缆导体与接线端子应笔直无翘曲。

（4）分割导体分块间的分隔纸（压接部分）宜在压接前去除。

（三）终端预制件安装定位

以屏蔽罩中心为基准确定预制件最终安装位置，做好标记。清洁电力电缆绝缘表面，用电吹风将绝缘表面吹干后在电缆绝缘表面均匀涂抹硅油，并将预制件拉到预定位置。使用专用工具抽出已扩径的预制件。将预制件安装在正确位置。要求预制件定位准确。定位完毕应擦去多余的硅油。预制件定位后宜停顿一段时间，一般建议停顿 20min 后再进行后续工序。110kV 交联聚乙烯电力电缆插拔式 GIS 终端整体示意图如图 2-10 所示。

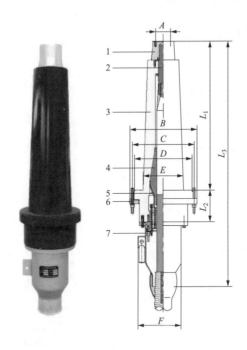

图 2-10　110kV 交联聚乙烯电力电缆插拔式 GIS 终端整体示意图

1—接头；2—接线柱；3—环氧套管；4—应力锥；5—锥托；6—法兰；7—收紧螺杆

（四）带材绕包

根据工艺图纸要求，绕包半导电带、绝缘带。要求绕包尺寸及拉伸程度符合工艺要求。

终端预制件上有绝缘隔断环，除绝缘隔断环部位禁止绕包半导电带，其余外表面上均需绕包半导电带，并与电缆外半导电层搭接。

（五）安装套管及金具

（1）用合适的溶剂将套管的内外表面清洁干净，检查套管内外表面，确认无杂质和污染物。如为干式终端结构，将套管内表面与应力锥接触的区域清洁并涂硅油。

（2）彻底清洁主绝缘表面及应力锥表面。确认无杂质和污染物后，用起吊工具把瓷套管缓缓套入经过主绝缘预处理的电力电缆，在套入过程中，套管不能碰撞应力锥，不得损伤套管。

（3）清洁密封圈并均匀涂抹硅脂，将密封圈完全放入密封槽内。

（4）将尾管固定在终端底板上，确保电缆终端的密封质量。

（5）对干式终端结构，根据工艺及图纸要求，将弹簧调整成规定压缩比，且均匀拧紧。

（6）安装 GIS 终端技术要求如下：

1）安装密封金具或屏蔽罩，调整密封金具或屏蔽罩使其上表面到开关设备与 GIS 终端界面的长度满足 IEC/TS60859 CORR 2—2000《额定电压 72.5kV 及以上气体绝缘金属封闭开关设备的电缆连接、充流体和挤压绝缘电缆、充流体和干型电缆终端》的要求。

2）检查开关设备导电杆与密封金具或屏蔽罩的螺栓孔位是否匹配，最终固定密封金具或屏蔽罩，确认固定力矩。

3）将尾管固定在套管上，确认固定力矩，确保电缆 GIS 终端与开关设备之间的密封质量。

目前，终端套管产品中的复合绝缘套管技术发展迅猛，使用趋势较强。与传统瓷绝缘套管相比，复合绝缘套管具有体积小、重量轻的特点，其重量只相当于同等瓷绝缘套管的 1/7～1/10。而且由于其材料具有良好的绝缘、抗老化、抗污秽性能，在相同污秽条件下其闪络电压比相同爬距的瓷绝缘套管高 1 倍以上。另外，复合绝缘套管抗拉强度高，是瓷套管的 5～10 倍，同时，其抗弯强度也很高。在作业过程中与硬物的磕碰不会使其破损。上述特点可大大减少工人劳动强度，使作业更加便利，降低使用专用起重设备所产生的安全风险和费用，以及后期的运行维护费用。

（7）电缆 GIS 终端穿仓。

1）穿仓前注意核对电缆与 GIS、变压器仓体的相位。

2）穿仓前要清洁环氧表面，不要有污物。

3）电缆 GIS 终端穿入仓体时，注意 O 形圈进入密封槽内。螺丝对角紧固，均匀受力，力矩符合要求。

4）电缆完成固定，终端安装平面往下电缆垂直长度不小于 1m。

（六）接地与密封处理

（1）终端尾管、终端金属保护盒与金属护套进行接地时可采用搪铅或接地线焊接等连接方式。

（2）终端金属保护盒密封可采用搪铅方式或采用环氧混合物/玻璃丝带等方式。

（3）采用搪铅方式进行接地或密封时，应满足以下技术要求：

1）封铅要与电缆金属护套和电缆附件的金属套管紧密连接，封铅致密性要好，不应有杂质和气泡。

2）搪铅时不应损伤电缆绝缘，应掌握好加热温度，搪铅操作时间应尽量缩短。

3）圆周方向的搪铅厚度应均匀，外形应力求美观。

（4）终端尾管与金属护套采用焊接方式进行接地连接时，跨接接地线截面应满足系统短路电流通流要求。

（5）采用环氧混合物/玻璃丝带方式密封时，应满足以下技术要求（反措要求高压终端应采用封铅方式）：

1）金属护套和终端尾管需要绕包环氧玻璃丝带的地方应采用砂纸进行打磨。

2）环氧树脂和固化剂应混合搅拌均匀。

3）先涂上一层环氧混合物，再绕包一层半搭盖的玻璃丝带，按此顺序重新进行该工序，直到环氧混合物/玻璃丝带的厚度超过 3mm 为止。

4）每层玻璃丝带下方为环氧涂层，应使每层玻璃丝带全部浸在环氧混合物中，避免水分与环氧混合物接触。

5）确保环氧混合物固化，时间宜控制在 2h 以上。

（6）接地安装工作，应满足以下技术要求：

1）安装终端头接地箱/接地线时，接地线与接地线鼻子的连接应采用机械压接方式，接地线鼻子与终端尾管接地铜排的连接宜采用螺栓连接方式。

2）同一地点同类敞开式终端其接地线布置应统一，接地线排列及固定、终端尾管接地铜排的方向应统一，为今后运行维护工作提供便利。

3）应采用带有绝缘层的接地线通过终端接地箱与电缆终端接地网相连，接地线的固定与走向应符合设计要求，整齐划一，美观有序。

（七）质量验评

根据工艺和图纸要求，及时做好现场质量检查、终端制作安装记录表填写工作。要求通过过程监控与验收，确保终端安装质量。

高压电缆 GIS 终端安装主要工艺流程如图 2-11 所示。

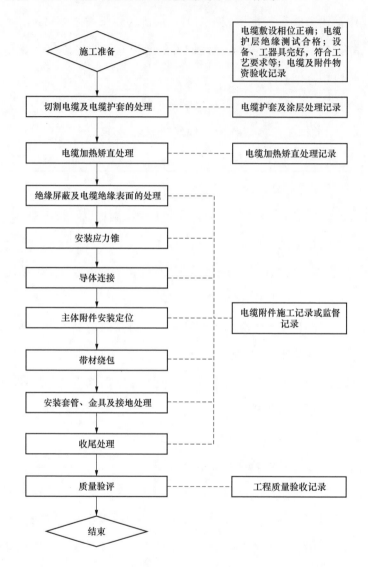

图 2-11 高压电缆 GIS 终端安装主要工艺流程

二、户外终端的安装步骤

（一）安装应力锥等主体附件

（1）保持电缆绝缘层的干燥和清洁。

（2）施工过程中应避免损伤电缆绝缘。

（3）在暴露的电缆绝缘表面上，清除所有半导电材料的痕迹。

（4）涂抹硅脂或硅油时，应使用清洁的手套。

（5）只有在准备套装时，才可打开应力锥的外包装。

（6）安装前应以正确的顺序把以后要装配的终端尾管、密封圈等部件套入电缆。

（7）在套入应力锥之前应清洁粘在电缆绝缘表面上的灰尘或其他残留物，清洁方向应由绝缘层朝向绝缘屏蔽层。

（二）压接导体

要求压接前应检查一遍各零部件的数量、方向，有无缺漏，安装顺序是否正确。确认导体尺寸、压模尺寸和压力要求，按工艺图纸要求，准备压接模具和压接钳，按工艺要求的顺序压接导体。压接完毕后，要求检查压接延伸度和导体有无歪曲现象。压接完毕后对压接部位分进行处理，压接部位不得存在尖锐和毛刺。

根据工艺要求安装连接管屏蔽罩（如有）。要求屏蔽罩外径不得超过电缆绝缘外径。导体连接方式宜采用机械压力连接方法，建议采用围压压接法。采用围压压接法进行导体连接时具体要求、注意事项可参考上述 GIS 终端。

（三）终端预制件安装定位

以屏蔽罩中心为基准确定预制件最终安装位置，做好标记。清洁电力电缆绝缘表面，用电吹风将绝缘表面吹干后在电缆绝缘表面均匀涂抹硅油，并将预制件拉到预定位置。使用专用工具抽出已扩径的预制件。将预制件安装在正确位置。要求预制件定位准确。定位完毕应擦去多余的硅油。预制件定位后宜停顿一段时间，一般建议停顿 20min 后再进行后续工序。

110kV 户外终端和 GIS 终端的整体示意图如图 2-12 所示。

（四）带材绕包

根据工艺图纸要求，绕包半导电带、绝缘带。要求绕包尺寸及拉伸程度符合工艺要求。

户外终端预制件上如有绝缘隔断环，除绝缘隔断环部位禁止绕包半导电带，其余外表面上均需绕包半导电带，并与电缆外半导电层搭接。

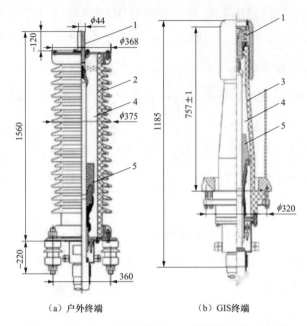

（a）户外终端　　　　　　（b）GIS 终端

图 2-12　110kV 户外终端和 GIS 终端的整体示意图

1—导体引出杆；2—瓷套管；3—环氧树脂套管；4—绝缘油；5—橡胶预制应力锥

（五）支柱绝缘子、底板、套管安装及上部金具安装

（1）安装 4 个支柱绝缘子及底板，用水平尺对安装平台找平，并用扳手拧紧螺丝，如安装平台为槽钢时，与槽钢斜面接触处应增加斜口垫片。

（2）吊装套管，吊装复核套管前检查、清洁套管内壁及外观，应无裂纹、损伤及杂质，如有尺寸要求的，应复核套管长度。

（3）套管吊装前用尼龙吊装带绑扎、收紧，防止吊装带松脱。套管下放时，由专人扶正，过应力锥的时候应特别小心。

（4）套管就位前，应清洁、检查 O 形密封圈及底板上平面，无异常，套管就位后将底板法兰拧紧，拧紧时应先对角，再逐颗拧紧，并用力矩扳手校核。

（5）加入绝缘油，其油面尺寸应符合图纸要求。

（6）安装上部金具时，法兰螺丝拧紧要求与底板一致，电缆线芯锁紧金具应拧紧，O 形密封圈安装位置正确。

注意：如有预装要求的，应在注油前先期安装上部金具，并测量出线杆尺寸。

（六）接地与密封处理

（1）终端尾管、终端金属保护盒与金属护套进行接地连接时可采用搪铅方式或采用接地线焊接等方式。

（2）终端金属保护盒密封可采用搪铅方式或采用环氧混合物/玻璃丝带等方式。

（3）采用搪铅方式进行接地或密封时，应满足以下技术要求：

1）封铅要与电缆金属护套和电缆附件的金属套管紧密连接，封铅致密性要好，不应有杂质和气泡。

2）搪铅时不应损伤电缆绝缘，应掌握好加热温度，搪铅操作时间应尽量缩短。

3）圆周方向的搪铅厚度应均匀，外形应力求美观。

（4）终端尾管与金属护套采用焊接方式进行接地连接时，跨接接地线截面应满足系统短路电流通流要求。

（5）采用环氧混合物/玻璃丝带方式密封时，应满足以下技术要求：

1）金属护套和终端尾管需要绕包环氧玻璃丝带的地方应采用砂纸进行打磨。

2）环氧树脂和固化剂应混合搅拌均匀。

3）先涂上一层环氧混合物，再绕包一层半搭盖的玻璃丝带，按此顺序重新进行该工序，直到环氧混合物/玻璃丝带的厚度超过 3mm 为止。

4）每层玻璃丝带下方为环氧涂层，应使每层玻璃丝带全部浸在环氧混合物中，避免水分与环氧混合物接触。

5）确保环氧混合物固化，时间宜控制在 2h 以上。

（6）户外终端内如需灌入绝缘剂，在安装前宜检验其密封性，如采用抽真空法。一般在瓷套管顶部留有 100～200mm 的空气腔，作为终端绝缘剂的膨胀腔。

（7）接地安装工作应满足以下技术要求：

1）安装终端头接地箱/接地线时，接地线与接地线鼻子的连接应采用机械压接方式，接地线鼻子与终端尾管接地铜排的连接宜采用螺栓连接方式。

2）同一地点同类敞开式终端其接地线布置应统一，接地线排列及固定、终端尾管接地铜排的方向应统一，为今后运行维护工作提供便利。

3）应采用带有绝缘层的接地线通过终端接地箱与电缆终端接地网相连，接地线的固定与走向应符合设计要求，整齐划一，美观有序。

4）户外终端接地连接线应尽量短，连接线截面应满足系统单相接地电流通过时的热稳定要求，连接线的绝缘水平不得小于电缆外护层的绝缘水平。

（七）质量验评

根据工艺和图纸要求，及时做好现场质量检查和终端制作安装记录表填写工作，通过过程监控与验收，确保终端安装质量。

高压电缆户外终端安装主要工艺流程如图 2-13 所示。

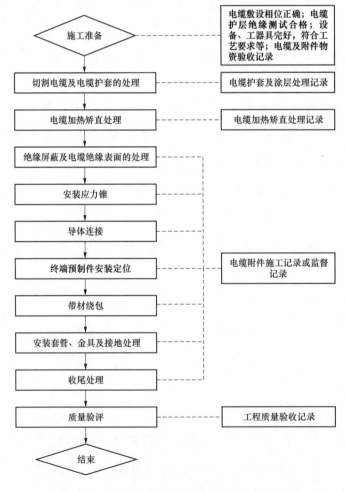

图 2-13　高压电缆户外终端安装主要工艺流程

第三节 电力电缆终端典型故障及缺陷原因

相比电力电缆本体绝缘，电缆终端结构复杂，其本身的电场分布就不均匀。因此，电缆终端成为电力电缆系统中容易出现故障及缺陷的部位。电力电缆终端产生故障及缺陷的主要原因如下。

一、电力电缆终端老化

一些电力电缆的终端敷设环境复杂，容易受到高温、高压等环境的长期作用。在潮湿、高温的作用下，电缆终端的绝缘质量会逐渐下降，制造工艺和负荷情况也会影响其绝缘性能，电缆终端的绝缘老化最终导致其绝缘失效，使绝缘性能失去而发生击穿事故。电缆终端老化与主绝缘相同，例如制造缺陷、施工损伤、硬物损伤、外力破坏等都会加速电缆终端老化。如果电缆终端的敷设环境不佳、接地箱地基未装设牢固以及周围有取土动工等问题，电缆接地箱有可能出现沉降，甚至出现滑坡，使终端倾斜，从而使电缆终端结构发生破坏。

二、电力电缆终端过热

电缆终端过热可分为电流致热和电压致热两种，其中电压致热多由应力锥受潮、劣化等原因引起，且温差较小（2～4℃）；电流致热多由引流板连接电阻增大、尾管—铝套接触电阻增大等原因引起，相对温差加大。

当电缆应力锥受潮、劣化时，应力锥介电损耗增大，在电场作用下会有明显的温度异常现象，此时可通过三相对比确定温度异常。当引流板安装工作不规范，如施工过程引流板未清除表面的污垢、未涂导电脂、未按规定加装垫片等，易因接触电阻过大而引起发热。在终端尾管—铝护套连接处，环氧泥封堵或搪钳工艺差易造成密封不严、接触面小、接触电阻大的问题，不仅容易进水，而且还会引起封铅处持续发热现象，易引发事故。如果在压接电缆终端头导体过程中出现压接不良的情况，会使连接处的接触电阻变大，在运行过程中出现发热现象，长期运行形成恶性循环，严重时有可能出现连接松动的情况，甚至开裂。

三、电力电缆终端局部放电

电缆终端应力锥的作用是避免电缆在终端内、外屏蔽电场梯度被破坏，发生畸变，人为地增大屏蔽层，改善金属护套切断处电场，减少击穿的可能。如果应力锥制作工艺、现场施工不达标，或者在制造过程中未考虑到空气水分大小等外部环境问题，以及终端安装过程中未严格遵循标准工艺，则会使内部出现空气、水分杂质等，这些问题都会使用终端电场发生改变。

随着电力电缆的长期运行，有可能发生该部位的局部放电现象，绝缘介质就有可能因为放电而分解，生成电树枝通道，最终导致电缆终端与其他附件被击穿。

四、终端漏油（漏气）及沿面放电

户外充油式电缆终端内部充有通过去气处理的绝缘油，用来消除内部可能存在的空气。若电缆终端密闭不良，容易使终端内部产生气隙，造成电场强度分布不均匀，发生击穿事故。

因异常过电压或表面出现脏污，高压电力电缆终端可能出现沿面放电现象，且电缆终端的制作受外部环境的干扰大，有可能出现空气中的水分、粉尘等进入终端内部。这些问题会导致终端内部电场的改变，使电场分布不均匀，从而导致沿面放电的情况发生。

第四节　电力电缆终端故障及缺陷预防措施

一、终端制作

高压电力电缆施工制作工艺关系到电力电缆系统正常运行的关键步骤。实践证明，电力电缆附件的缺陷主要由安装不良导致，施工中的不当操作可能给电力电缆系统的运行安全留下隐患。应加强电缆施工质量管控，保证终端附件制作质量。同时在电缆终端制作或修试后，应严格按照交接或预防性试验标准进行检验，以确保终端及附属设施满足后续运行需求。高压电缆户外附件安装质量控制要点如表 2-1 所示。

表 2-1　　　　　　　　　高压电缆户外附件安装质量控制要点

工序	控制要点	操作事项	工作要求
施工准备工作	确保人员具备相应技能	培训作业人员	完成人员技能培训工作，持证上岗
	确保工器具完备可用	检查工器具	完成工器具检查工作
	确保产品质量合格	验收附件材料	完成材料验收工作
	确保安装人员掌握施工工艺流程	施工工艺交底	完成施工人员现场交底
	确保现场环境安全和谐，电缆终端在施工制作过程中，应尽量做到防水、绝缘、防腐蚀以及机械保护，如果空气湿度过大则尽可能进行干燥处理	现场环境控制	制订现场环境控制方案
切割电缆及电缆护套的处理	确保后续工序施工	剥除电缆外护套	符合工艺图纸要求，无防腐剂残余
		去除石墨层/外护套半导电层	长度符合工艺图纸要求
		剥除金属护套	符合工艺图纸要求，无金属末残余
	确保金属护套可靠接地	铝护套搪底铅	严格控制温度，去除表面氧化层，确保接触良好
电缆加热校直处理	防止电缆过热	控制好电缆绝缘温度	电缆绝缘不得过热，建议通过试验确定，一般厂家推荐为 75~80℃
	确保加热校直效果	有充足时间加热校直	加热校直时间不宜过短，建议通过试验确定，一般推荐 3h 以上
		减少电缆弯曲度	每 400mm 电缆的弯曲度不大于 2~5mm
电缆主绝缘预处理	确保电缆主绝缘表面光滑，提高界面击穿电场强度	主绝缘表面用砂纸精细加工	用至少 400 号以上绝缘砂纸进行打磨
		外半导电与主绝缘层的台阶形成平缓过渡	按照附件厂商工艺尺寸进行处理
		主绝缘直径与应力锥尺寸匹配	检查主绝缘直径与应力锥尺寸相配
安装主体附件	确保主体附件正确顺利安装在预定位置	确认最终安装位置	符合工艺尺寸的要求
压接金具	确保电缆导体连接后能够满足电缆持续载流量及运行过程中机械力的要求	用压接模具压接，将电缆导体连接	线芯、金具及压接模具三者匹配，确保压力和压接顺序
		接管表面进行打磨	接管表面光滑无毛刺
安装套管及金具	确保电缆附件的密封	确认附件密封性能	确认密封圈型号规格匹配，并完全放入密封槽内，符合螺栓拧紧力矩要求
接地与密封处理	确保电缆金属护套可靠接地，并确保实现电缆附件密封防水	确认接地与密封	根据设计要求，完成金属护套恢复及接地工作，根据工艺图纸要求进行密封处理

二、终端验收

竣工验收时，为确保电力电缆系统稳定运行，应注意以下几个方面：

（1）电力电缆终端的结构型式与电缆所连接的电气设备的特点必须相适应，电缆终端和 GIS 终端应具有符合要求的接口装置，其连接金具必须相互配合。

（2）户外电力电缆终端外观垂直，无倾斜。需要登塔/引上敷设的电缆，要根据登塔/引上的高度留有足够的余线。架空引线过长不宜直接搭接在电缆终端上，可采用加装支撑绝缘立柱或斜拉线等方式间接搭接，防止电缆终端受力过大。在电缆登杆（塔）处，凡露出地面部分的电缆应套入具有一定机械强度的保护管加以保护。

（3）电力电缆终端处悬挂电缆铭牌，标示电缆线路名称相位及电缆线路另一端位置信息。

（4）检查电力电缆终端螺栓连接紧固情况；检查电缆终端尾管处是否渗油；检查电缆终端尾管必须有接地用接线端子。

（5）电力电缆登杆（塔）应设置电缆终端支架（或平台）、避雷器、接地箱及接地引下线。终端支架的定位尺寸应满足各相导体对接地部分和相间距离、带电检修的安全距离。

（6）架空引线不能直接搭接在电缆终端上，在架空线与电缆终端之间安装支持绝缘子，架空引线应先搭接在支持绝缘子上，再从支持绝缘子搭接到电缆终端头。

三、终端巡视

日常电力电缆终端巡视是发现电缆终端故障缺陷的有效手段，应按照电力电缆运维规程，根据电缆运行状态、投运年限、线路环境等实际信息，制订合理的运维周期，运维巡视过程中应关注以下几个方面：

（1）套管外绝缘是否出现破损、裂纹，是否有明显放电痕迹、异味及异常响声；套管密封是否存在漏油现象；瓷套表面不应严重结垢。

（2）套管外绝缘爬距是否满足要求。

（3）电缆终端、设备线夹与导线连接部位是否出现发热或温度异常现象。

（4）固定件是否出现松动、锈蚀，支撑绝缘子外套开裂，底座倾斜等现象。

（5）电缆终端及附近是否有不满足安全距离的异物。

（6）支撑绝缘子是否存在破损和龟裂情况。

（7）法兰盘尾管是否存在渗油现象。

（8）电缆终端是否有倾斜现象，引流线不应过紧。

（9）有补油装置的交联电缆终端应检查油位是否在规定的范围之内，检查 GIS 筒内有无放电声响，必要时测量局部放电。

四、终端状态检测

高压电缆的状态检测包括各种离线和在线检测方法，旨在监测其特征量及变化规律，并做出推论，及时发现绝缘缺陷。在实际电缆状态检测中，可以有效发现电缆终端的潜在缺陷。

充分应用带电检测（红外热像、接地电流检测、超声波局部放电检测、高频局部放电检测、超高频局部放电检测等），以及在线监测（温度、水位、气体、局部放电、接地电流等）技术手段，准确掌握设备运行状态和健康水平。同时要严格按照带电检测周期开展检测，及时收集设备投运前信息、运行信息、检修试验信息、家族缺陷信息，开展状态评价、分析和总结，按相关规定上报状态评价结果。

由于交联聚乙烯电力电缆自身材料的原因，其对局部放电的敏感性较强，局部放电检测能有效发现绝缘缺陷，避免突发性故障的产生。国内外交联聚乙烯电缆缺陷/故障模式分析和状态量检测手段见表 2-2。

表 2-2　　国内外交联聚乙烯电缆缺陷/故障模式分析和状态量检测手段

序号	故障部位	原因	后果	发生概率	影响	状态量检测手段
1	终端	热循环或箍位不正确导致的电缆位移	调整应力锥位置	低	应力锥位置改变，影响系统安全	局部放电试验红外或 X 射线图像

续表

序号	故障部位	原因	后果	发生概率	影响	状态量检测手段
2	终端	机械冲击导致的外部损坏	局部电应力集中/沿面应力集中	低	系统环境	视觉迹象
3	终端	安装错误导致的局部电应力集中	局部电应力集中	高	局部放电量升高，发生早期击穿	局部放电试验、电压试验
4	终端	安装错误，导致密封不良	水分渗透，导致材料性能下降	低	局部放电量升高，发生早期击穿、绝缘油水分含量超标	局部放电测量、水分含量测量、焊接检查
5	终端/界面	老化，误用材料导致的接触力不足	局部电应力集中	低	局部放电量升高，发生早期击穿	局部放电试验
6	终端/界面	绝缘回缩	局部电应力集中	低	局部放电量升高，发生早期击穿	局部放电试验、电压试验
7	终端	绝缘油/SF_6泄漏	气体：电介质应力下降油：电压分布不均	中	气压下降，油压下降，终端漏油	SF_6在线监测和摄像机定位油压连续监测、油厚度检查和环境观测
8	终端	绝缘油杂质/SF_6气体老化	绝缘介质强度下降。局部电应力集中	低	局部放电量升高，发生早期击穿	局部放电测量、绝缘油理化分析
9	终端	户外终端外绝缘污染	泄漏电流	低（但依赖于地域）	视觉迹象，产生泄漏电流	用肉眼或紫外线视觉检查泄漏电流测量
10	终端	户外终端外绝缘外部污染	憎水性下降	高	系统表面憎水性下降	表面润湿特性（STRI法）水滴接触角
11	终端	户外终端存在污染	绝缘表面粉化导致憎水性下降	低	绝缘击穿或外绝缘闪络	电压试验外绝缘观察
12	终端	绝缘闪络通道	电应力升高	低	绝缘击穿或外绝缘闪络	局部放电试验电压试验
13	终端	瓷套机械损伤	绝缘物漏出	低	系统安全	视觉检查

第五节　电力电缆终端故障典型案例

一、某终端因施工原因击穿故障案例

（一）故障基本情况

1. 故障概述

某日 18 时 09 分，110kV 某线接地距离 1 段保护动作，断路器跳闸，无重合闸，故障相别为 A 相。

19 时 15 分，运维人员到达变电站对该电缆线路进行故障查线，19 时 30 分发现 GIS 电缆终端头 A 相尾管距离 GIS 仓较近位置有放电击穿。放电穿孔较深，疑似导体线芯已裸露可见，故障现场情况如图 2-14 所示。

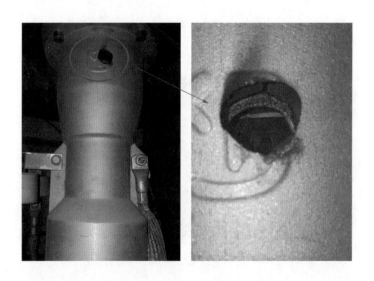

图 2-14　A 相 GIS 终端接头击穿照片

2. 故障设备情况

该线采用全电缆敷设方式，电缆段总长度为 3.66km，有 2 组终端和 6 组中间接头，全线电缆在隧道内敷设。

（二）解体检查情况

解体前对故障电缆终端进行整体外观检查，在金属尾管表面有直径约 20mm 的放电穿孔，如图 2-15 所示。

图 2-15　故障电缆 GIS 终端整体照片

将金属尾管拆除后对终端头内部进行检查，经检查未发现应力锥以及导体触头等处有明显异常故障现象。通过解体发现放电击穿点位于电缆本体，其位置在电缆铅套的断口处。电缆本体放电击穿孔直径约 9mm，可见其内部线芯已烧熔并裸露。铅套本体表面有明显放电烧蚀痕迹，应为电缆线芯与铅套放电所致，如图 2-16 所示。

图 2-16　故障电缆 GIS 终端放电对应位置

通过检查发现接地导线在恒力弹簧压接处有熏黑现象，但在该处未见明显放电通道，如图 2-17 所示。

对电缆本体击穿孔进一步检查，可发现电缆半导电表面在对应铅套断口的位置存在环形刀痕，放电击穿孔位于环形刀痕上，如图 2-18 所示。对半导电层进行剥离，可发现电缆主绝缘表面同样存在环形刀痕，刀痕宽度约 1mm 且规则工整，穿孔位置为刀痕最深处，约为 2mm，应为施工过程中进行铅套切割所造成的刀伤，如图 2-19 所示。

图 2-17　故障电缆终端接地导线并无放电通道

图 2-18　电缆铅套断口的放电点位于环形刀伤最深处

图 2-19　故障电缆主绝缘同样存在环形刀伤

（三）故障原因分析

此次该线电缆 GIS 终端故障原因为施工问题。施工单位在进行铅套切割时对电缆半导电层和主绝缘均造成环形刀伤，致使该刀伤位置在长期运行中产生电场畸变，导致电缆线芯发生径向放电并击穿主绝缘，最终与铅套放电产生接地短路故障。

此次该线电缆 GIS 终端故障由施工质量管控不足所引起，具体原因为电缆主绝缘及半导电层存在刀伤，电缆导体在长期运行下击穿绝缘并对铅套产生放电。

（四）后续预防措施

（1）加强电缆施工质量管控，保证终端附件制作质量。

（2）鉴于该公司所提供的该型号电缆终端已停产，因此给故障抢修及设备更换工作带来困难，建议该公司对存量的同厂同类型电缆 GIS 终端安排停电计划，进行更换。

二、某终端因环氧套管质量击穿故障案例

（一）故障基本情况

1. 故障概述

某日 16 时 31 分，某 220kV 电缆线路双套纵差保护动作跳闸，A 相故障，故障测距显示距离变电站 0.12km。

2. 故障现场情况

（1）A 相 GIS 仓体约 3/4 体积发生爆裂，其他两相未见异常，如图 2-20（a）所示；站内散落 GIS 碎片和电缆终端环氧树脂碎片情况如图 2-20（b）所示。

（2）A 相电缆仓体内部连接导体表面光滑、清洁，无放电痕迹，如图 2-21 所示。

（3）A 相电缆终端环氧套管约 3/4 体积发生爆裂，如图 2-22 所示；环氧套管内嵌金属高压电极和金属低压电极裸露，内嵌金属高压电极表面有明显放电痕迹，如图 2-23 所示。

（a）A相电缆仓外观　　　　　　　　（b）碎片散落情况

图 2-20　2218A 相电缆仓外观

 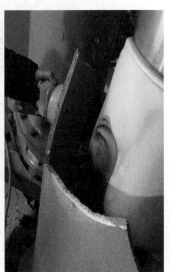

（a）连接导体情况　　　　　　　　（b）仓体复原检查

图 2-21　连接导体与仓体复原检查

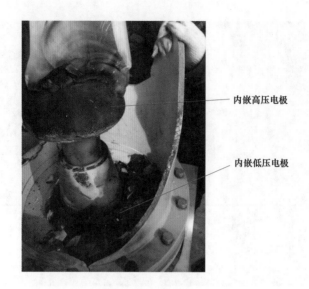

图 2-22　环氧套管炸损情况

图 2-23　内嵌金属高压电极表面放电痕迹

（4）A 相电缆终端的应力锥向下发生约 18cm 位移，应力锥表面有电弧灼伤痕迹以及裂口，如图 2-24 所示。

（5）A 相电缆终端的金属锥托与应力锥分离，金属尾管炸飞；电缆接地线除与金属尾管脱焊外，无其他异常，如图 2-25（a）所示，非故障相金属尾管与接地线情况如图 2-25（b）所示。

图 2-24　电缆应力锥表面情况

（a）故障相　　　　　　　　（b）非故障相

图 2-25　金属尾管与接地线情况

（6）A 相电缆终端的环氧法兰盘多处开裂，如图 2-26 所示。

（7）A 相电缆仓的防爆膜铜罩有变形痕迹，如图 2-27 所示。

图 2-26 环氧法兰盘开裂

图 2-27 防爆膜情况

3. 线路基本情况

220kV 某线为纯电缆线路，线路全长 8.96km。线路共分为 18 段电缆，包含 2 组 GIS 电缆终端、17 组中间接头。设备台账信息如表 2-3 所示。

表 2-3　　　　　　　　　设 备 台 账 信 息

设备环节	设备型号	生产日期
电缆本体	ZC-YJLW02-Z-127/220kV-1×2500mm²	2014 年 10 月 9 日

设备环节	设备型号	生产日期
GIS 电缆终端	YJZGG	2014 年 8 月 9 日
GIS 间隔	ZFW20-252	2014 年 6 月 1 日

（二）解体检查情况

1. 故障电缆终端（A 相）与仓体解体情况

将故障电缆终端（A 相）与仓体解体检查情况总结如下：

环氧套管内嵌金属高压电极（高电位）表面有放电痕迹。高压电极表面有较大面积的熔融和电弧灼伤痕迹，如图 2-28 所示。

图 2-28　内嵌电极表面有放电痕迹

环氧套管内嵌金属低压电极（地电位）表面有放电痕迹。将低压电极拆除，可见低压电极表面局部有放电痕迹，烧损情况较轻微，如图 2-29 所示。

图 2-29　低压电极表面有放电痕迹

71

金属锥托（地电位）表面有放电痕迹。金属锥托表面局部有放电痕迹，烧损情况较轻微，如图 2-30 所示。

图 2-30　应力锥锥托部位有放电痕迹

GIS 仓体残片及断裂面（地电位）有放电痕迹。在对 GIS 仓体残片检查过程中，发现有两个残片内壁及断裂面有放电痕迹，如图 2-31 所示，通过现场复原该残片对应环氧树脂内嵌高压电极。

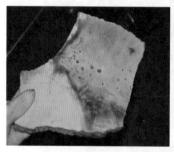

（a）残片内壁　　　　　　　　（b）残片断裂面

图 2-31　GIS 仓体残片及断裂面有放电痕迹

应力锥（低电位）有放电痕迹。应力锥外表面有击穿点，击穿点位于应力锥半导电顶端，沿击穿点将应力锥切开后可见其半导电部分有放电通道，如图 2-32 所示。

电缆本体无击穿，未见明显放电痕迹。将应力锥拆除，可见应力锥内部电缆本体无明显的放电痕迹，如图 2-33 所示。将应力锥及锥托等全部拆除后，未发现电缆本体有击穿情况。

　（a）应力锥外表面放电点　　　　　（b）应力锥半导电部分放电通道

图 2-32　应力锥放电痕迹

图 2-33　应力锥内部电缆本体情况

防爆膜未动作。对该仓体内部防爆膜进行检查，可见防爆膜完好、未动作，如图 2-34 所示。

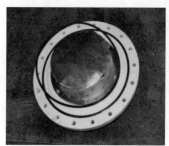

图 2-34　防爆膜检查情况

由于故障相电缆终端损坏严重，电缆终端安装工艺及相关尺寸无法测量。

2. C相（非故障相）电缆终端解体情况

对未发生故障的C相电缆终端的绝缘打磨、关键尺寸等各项安装工艺进行复核，未发现异常现象。解体情况如图2-35～图2-37所示。

图2-35　C相电缆终端整体情况

图2-36　C相电缆应力锥情况

图2-37　C相金属连接件情况

3. 环氧套管内部电缆弯曲情况

（1）从解体情况来看，A、B、C三相电缆终端内部的电缆本体均存在不同程度的弯曲。GIS电缆终端安装工艺说明中要求"每400mm电缆段弯曲度应≤2mm"，如图2-38所示。

推荐工艺参数如下：

1）加热温度 75～80℃。

2）加热时间，恒温条件下维持 6～7h。

3）自然冷却至环境温度，时间≥8h。

（2）弯曲度检查。弯曲度：每 400mm 电缆段长度不大于 2mm 间隙。

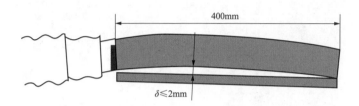

图 2-38　电缆终端厂家安装工艺要求

分别采用长度 500mm 和 1000mm 的硬板尺对某线三相电缆终端内部电缆弯曲程度进行复测，测试结果如表 2-4 所示，电缆弯曲情况如图 2-39 所示。

表 2-4　　　　　　　　　　　电 缆 弯 曲 度 测 量

序号	相别	性质	400mm 段最大弯曲度（mm）	是否符合工艺要求	1000mm 段最大弯曲度（mm）
1	A	故障相	5	不符合	11
2	B	非故障相	3	不符合	3
3	C	非故障相	4	不符合	8

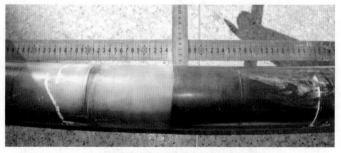

（a）A相故障故障电缆终端内部电缆弯曲情况

图 2-39　A、B、C 三相电缆终端内部电力电缆弯曲情况（一）

（b）B相故障故障电缆终端内部电缆弯曲情况

（c）C相非故障故障电缆终端内部电缆弯曲情况

图 2-39 A、B、C 三相电缆终端内部电力电缆弯曲情况（二）

测试结果表明：

1）三相电缆终端内部电缆弯曲度均不符合安装工艺要求。

2）非故障相电缆同样存在较大的弯曲情况，则说明故障相 A 相电缆的弯曲并非由故障发生过程中的电动力所致，即 A 相电缆在故障前已发生弯曲。

（三）故障原因分析

1. 放电通道分析

通过对故障相（A 相）GIS 电缆终端与仓体进行解体分析，可知其高电位存在一处放电点，放电烧损情况较为明显；地/低电位存在 4 处放电点，地电位放电烧损情况相对均较轻微，放电点位置示意图如图 2-40 所示。1 个高压放电点在环氧套管内嵌的金属高压电极；4 个低电位放电点在金属锥托、环氧套管内嵌金属低压电极、应力锥半导电顶端、GIS 仓体及碎片断面。

上述多个通道的产生由环氧套管破裂所引起，原因分析如下：环氧套管内嵌高压电极处环氧树脂径向厚度约为 35mm，如图 2-41 所示，依据 GB 18890.3—2015《额定电压 220kV（U_m=252kV）交联聚乙烯绝缘电力电缆及其附件 第 3 部分：电缆附件》中对环氧树脂的描述，环氧树脂的击穿电场强度为 20kV/mm。结合 GIS

电缆终端结构示意图可知，内嵌金属高压电极至各地/低电位放电点的绝缘距离均远大于 35mm 径向树脂绝缘，如内嵌金属高压电极与 GIS 仓体间存在树脂绝缘与 SF_6 气体绝缘（约 10cm），以及内嵌金属高压电极与金属低压电极之间有 30cm 的树脂绝缘，如图 2-42 所示。由于各地电位放电点距离内嵌金属高压电极的距离均较大，环氧套管正常情况下足以耐受，只有环氧套管破裂的情况下才能产生此类放电现象。

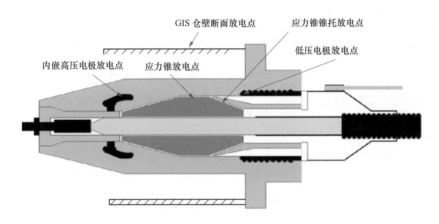

图 2-40 故障相 GIS 电缆终端放电点位置示意图

图 2-41 环氧套管高压电极绝缘厚度　　　图 2-42 环氧套管高低压电极绝缘距离

分析结论：高压放电点距离各低压放电点均有较大绝缘距离，只有环氧套管开裂的情况下才会产生放电。

根据解体结果，初步分析故障的可能原因是环氧套管内嵌高压电极部位由于机械应力作用发生破裂。

2. 故障原因分析

（1）电缆终端故障原因分析。

1）环氧套管 X 光和 T_g 试验结果分析。从上述环氧套管试验检测结果可知，环氧套管经 X 光检测可见高压电极与环氧树脂交界面处存在缝隙、粘结不紧密现象，以及 T_g 试验不符合标准要求的问题。

高压电极与环氧树脂粘结不紧密的影响分析。高压电极与环氧树脂的交界面处理属于环氧套管生产过程中的核心工艺之一，为确保两者之间交界面良好粘结，通常需要对高压电极进行喷砂、涂覆偶联剂等工艺处理。由于高压电极（铝合金材质，热膨胀系数 $23.2\times10^{-6}m/℃$）和环氧树脂（热膨胀系数 $50\sim60\times10^{-6}m/℃$）的热膨胀系数相差较大，如果两者的交界面处理不当，存在缝隙与粘结不紧固问题，将导致环氧套管随着负荷、温度等因素变化，在高压电极与环氧树脂交界面处产生破裂。

玻璃化温度（T_g）较低的影响分析。环氧树脂的玻璃化温度是其材质重要性能参数，主要表征其机械性能和耐热性能等。此次环氧套管的玻璃化温度试验结果表明，其玻璃化温度低于出厂试验标准以及低于 IEC 1006《电绝缘材料玻璃转变温度测定方法》标准，将使环氧套管呈现脆性以及机械性能（如抗弯和抗拉）降低。

2）电缆弯曲对环氧套管受力的影响分析。通过解体分析可知，该线三相电缆终端内部的电缆均存在不同程度的弯曲现象，弯曲度在 3～5mm（400mm 段）时，弯曲度不符合安装工艺要求。电缆弯曲会造成环氧套管承受一定程度的侧向力，通过对电缆进行弯曲受力模拟试验以及环氧套管抗弯试验，可基本排除电缆弯曲是导致环氧套管破裂进而发生故障的可能性，分析如下：①电缆弯曲度在 3～5mm（400mm 段）时，会给环氧套管 1.51～1.84kN 的侧向力，该值远小于导致环氧套管发生破裂的测向力（10.4kN）。②在故障相电缆终端拆除过程中，并未见电缆终端顶部连接的螺丝、螺栓存在变形等现象，间接表明电缆弯曲的情况下，环氧套管受力并非很大。

综上所述，电缆终端故障的主要原因为环氧套管存在质量问题所引起。

（2）GIS 防爆膜未动作与 GIS 仓体破裂原因分析。通过对三支防爆膜（含未动作防爆膜）进行压力爆破试验，防爆膜动作值约 1.8MPa，试验结果表明防爆膜动作值均符合标准要求，防爆膜未动作的原因为故障过程在仓体内产生的气体压力未达到防爆膜动作条件。

通过对 GIS 仓体进行水压耐受试验，仓体内部水压到达 4MPa 时尚未发生破裂，试验结果符合要求。GIS 仓体破裂原因为故障过程中产生的气体压力未达到仓体破裂条件，仓体破裂由于故障过程中环氧套管碎片撞击所引起。

综上所述，防爆膜未动作以及 GIS 破裂非 GIS 质量所引起，主要受电缆终端故障所波及。

尽管 GIS 此次故障无直接关联，但通过对 GIS 残品进行材质分析，其拉力试验不合格以及存在微小裂纹缺陷（最大 300μm），表明 GIS 生产工艺控制有待进一步提升。

（3）故障过程推演。

1）环氧套管首先发生开裂，导致环氧套管内高压电极对地电位绝缘距离不满足要求，环氧套管内嵌金属高压电极分别对金属锥托、环氧套管内嵌金属低压电极、应力锥半导电顶端、GIS 仓体及碎片断面放电，最终导致 GIS 电缆终端故障。

2）GIS 仓体内部金属连接光洁、无碳素覆盖，以及仓体内部无明显 SF_6 气体故障时产生的粉末状衍生物，上述现象表明故障主要集中于电缆终端的环氧套管内部。

3）环氧套管故障时在其内部产生高压气体，导致应力锥向下发生位移，环氧套管发生碎裂、飞溅，进而导致 GIS 仓体破裂。

4）故障时在 GIS 仓体内部产生的气体压力，由于未达到 GIS 防爆膜动作条件，因此防爆膜未动作。

（4）分析结论。通过对故障设备解体及试验分析，分析结论如下：

1）环氧套管存在质量问题，是此次故障的主要原因。

2）电缆终端内部电缆弯曲度不符合安装工艺要求，电缆弯曲非此次故障的主要原因。

3）GIS 与此次故障无明显关联，但存在拉力试验不合格及微小气隙缺陷，表明 GIS 壳体在铸造质量控制方面有待加强。

（四）后续预防措施

与相关厂家再进一步调查环氧套管材料、生产过程和设计等方面可能存在的问题，确定存在问题附件批次，确定进货来源、到货检验等情况。针对同厂家、同批次终端开展专项检测工作。针对同厂家、同批次附件加装在线监测。重点包括光纤测温、局部放电在线监测等。对设备运行状态进行实时在线监测。

三、某终端因绝缘油质量击穿故障案例

（一）故障基本情况

1. 故障概述

某日 6 时 58 分，220kV W 线线路跳闸，7 时 46 分，220kV Y 线线路跳闸，经核实两起故障均位于某终端站内，分别为 W 线 A 相电缆终端故障和 Y 线 C 相电缆终端故障，故障导致 W 线 B 相终端、A 相避雷器瓷裙损伤；W2 线 A 相终端、A 相避雷器瓷裙损伤；Y 线 B 相终端、B 相避雷器、C 相避雷器瓷裙损伤。故障现场情况如图 2-43 所示。故障当日夜间最低气温为–21℃。

（a）W线A相电缆终端　　　　　　　（b）Y线C相电缆终端

图 2-43　某终端现场故障情况

2．线路基本情况

220kV W 线和 220kV Y 线户外电缆终端均为油浸式电缆终端，电缆本体型号均为 ZR-YJLW02-127/220kV-1×2500mm²，其中 Y 线投运日期为 2016 年 3 月，W 线投运日期为 2016 年 9 月，两起故障电缆终端内绝缘油均选用瓦克 TN 改性硅油。

（二）解体检查情况

1．故障相电缆终端解体分析

（1）故障特征。220kV W 线和 220kV Y 线 C 相电缆终端相继发生故障后，进行故障现场勘查分析。故障特征如下：

1）两起故障电缆终端油明显凝固。W 线和 Y 线两电缆终端瓷套破损严重，瓷套内硅油出现明显凝固结块现象，故障终端油情况如图 2-44 所示。

（a）W线　　　　　　　　　　　　（b）Y线

图 2-44　故障终端油情况

2）故障为电缆主绝缘径向击穿，并沿应力锥外表面向金属锥托放电。W 线和 Y 线两起故障冲击均致使应力锥脱落，其中 W 线电缆终端应力锥完整，Y 线电缆终端应力锥仅残存半块。故障现场应力锥表面仍附着有结块状硅油，如图 2-45 所示。硅油与应力锥外表面存在融化产生的间隙，应力锥外表面存在油路击穿后的黑色油迹。故障现象表明应力锥与结块绝缘油之间间隙构成放电通道。

图 2-45　W 线电缆终端应力锥故障现场情况

3）擦拭应力锥，观察应力锥内表面，无明显异常现象，如图 2-46 所示。擦拭故障电缆本体，未见明显爬电痕迹，如图 2-47 所示。此次故障可排除应力锥与主绝缘间异常形成放电通道的情况。

（a）Y线终端应力锥　　　　　　　　（b）W线终端应力锥

图 2-46　故障电缆终端应力锥内表面无明显异常

图 2-47　故障电缆本体表面无明显异常

（2）尺寸核实。

1）电缆本体故障烧损区域长约 22cm。经测量，Y 线电缆故障导致本体烧损区域长约 22cm，且电力电缆主绝缘出现成块脱落现象，如图 2-48 所示。

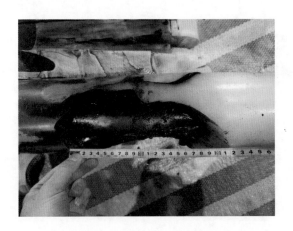

图 2-48　Y 线故障烧损区域

2）击穿点位于电缆本体，靠近应力锥上端部位置。测量铜线芯严重烧损部位至主绝缘外半导电层距离，长度约为 26cm。测量对应部位应力锥与主绝缘交接面长度，约为 25cm。复核应力锥位置，故障击穿点位于电缆本体，靠近应力锥上端部位置，如图 2-49 所示。

（a）电缆本体故障击穿点情况

（b）应力锥与电缆主绝缘交接面长度

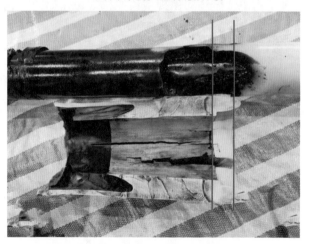

（c）故障点在电缆主绝缘和应力锥相对位置

图 2-49　故障点位置复核

3）故障电缆终端应力锥过盈量配合无误。对故障电缆主绝缘直径进行测量，测量结果如表 2-5 所示。该电缆终端应力锥内径为 102mm，配合主绝缘外径要求为 108～114mm。主绝缘外径符合要求，过盈量配合无问题。

表 2-5　　　　　　　　　　　　故障电缆主绝缘外径情况

主绝缘外径（mm）	1	2	3
X	111.51	111.57	111.68
Y	111.65	111.82	111.68

2. 非故障相电缆终端解体分析

对 220kV Y 线 B 相电缆终端（非故障相）解体分析，整体情况如图 2-50 所示。

图 2-50　非故障相整体情况

非故障相整个解体过程中未见明显异常情况，部分细节情况描述如下：

（1）终端内绝缘油外观情况良好。松动电缆终端瓷套上端法兰螺母，控制终端内绝缘油流速均匀，整个过程中，绝缘油透明无杂质异物，绝缘油外观情况良好，如图 2-51（a）所示。

（2）电缆本体及应力锥表面无异常。去除电缆终端瓷套，观察电缆本体及应力锥外表面，无爬电痕迹，表面光泽良好，如图 2-51（b）所示。切开应力锥，电缆主绝缘外半导电层端口施工工艺良好，应力锥安装尺寸无误，应力锥内表面硅脂均匀且无爬电痕迹，整体情况如图 2-51（c）所示。

（a）绝缘油情况　　　　　　　　　（b）应力锥表面情况

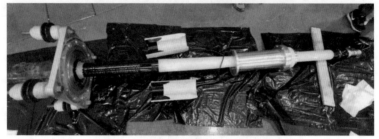

（c）整体情况

图 2-51　非故障相电缆终端解体情况

（三）故障原因分析

电缆主绝缘发生径向击穿，故障点对应应力锥上端部位置。结合应力锥位置复核结果，此次故障点对应应力锥上端部位置处。同时从仿真结果也可验证，该位置为油凝固后电场畸变最为严重的部位。

绝缘油凝固后，应力锥与绝缘油界面间隙电场强度集中，形成向金属锥托放电的击穿通道。结合绝缘油试验情况来看，油凝固会伴随体积的减小，会导致应力锥外表面与固态油存在间隙，使应力锥表面绝缘电阻急剧降低，形成放电通道。由故障现场应力锥情况也可验证，应力锥与固态油贴合并不紧密，且应力锥表面残存放电导致的黑色油迹。

厂家选用硅油型号不适用于低温环境为此次硅油凝固原因。结合绝缘油低温黏度试验情况来看，故障终端选用的该型号绝缘油在−15℃时黏度急剧上升，在−20℃情况下足以出现结块现象。

综上所述，此次故障原因为绝缘油凝固后，应力锥上端部位置发生电场畸变，同时应力锥外表面绝缘电阻急剧降低，与金属锥托之间形成放电通路，最终导致故障发生，故障击穿路径示意图如图 2-52 所示。

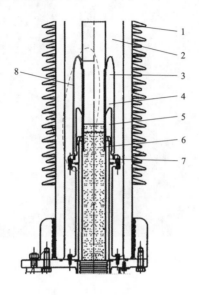

图 2-52　故障击穿路径示意图

1—瓷套管；2—绝缘油；3—应力锥（绝缘部分）；4—主绝缘；5—应力锥（半导电部分）；

6—外半导电层；7—连接金具安装；8—击穿路径

（四）后续预防措施

（1）将对不同厂家、不同型号绝缘油样进行深入的试验分析，进一步明确低温条件下系统稳定运行的绝缘油指标要求。

（2）组织附件上游绝缘油供货厂家进行技术交流，并结合户外电缆终端实际运行情况，适当提出招标技术条件修改建议。

四、某终端尾管发热缺陷案例

（一）缺陷基本情况

1. 缺陷概述

某日，巡视人员发现 110kV 某线 A 相户外空气终端铜尾管和金属护套连接处有烧焦的现象，且该烧焦部分温度异常，达 198℃。运行人员对 B 相、C 相终端进行检查和测温，未见异常。故障现场照片如图 2-53 所示。

图 2-53　某终端尾管发热故障现场照片

2. 线路基本情况

该电缆线路全线敷设于电力隧道及变电站夹层内，全长 0.125km，额定载流量为 1134A。投运日期为 2007 年 1 月 29 日。

（1）竣工投运以来，未发现该条线路存在任何缺陷和隐患情况。

（2）根据负荷、接地电流测量数据来看，其历史最高负荷为 104A，时间为 2013 年 1 月 16 日，三相接地电流测量结果均为 0A，未见异常；最低为 36A，出现时间为 2011 年 10 月 20 日，三相接地电流测量结果均为 0A，未见异常。

（3）根据测温数据来看，不包括 2016 年 3 月 14 日户外终端测温 198℃高温，历史最高温度出现在 2012 年 7 月 30 日，户外终端温度和环境温度均为 33℃；最低温度出现在 2013 年 1 月 16 日，户外终端温度为–2℃，环境温度为 0℃。

（4）此次缺陷处理之后，现场三测结果为：负荷 74A，三相接地电流分别为 0.2、0.4、0.5A，终端温度为 30℃，环境温度为 29℃，未见异常。

（二）解体检查情况

此线 A 相户外终端打开后，发现 4 条铜编织带被焊接在一起，且铜编织带与电缆的铝波纹金属护套连接不实，形成局部悬浮，电阻过大。很有可能导致悬浮电位的不断积累和能量的积聚，并伴随间歇性电流导通和能量放电过程，从而在铝护套和尾管之间形成 198℃高温。此外，从电缆金属护套表面的粉末状氧化物来看，应有潮气进入该终端内部，导致电化学腐蚀现象产生。热缩管及环氧泥去除后照片见图 2-54。

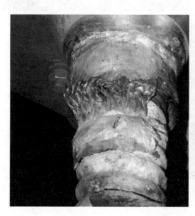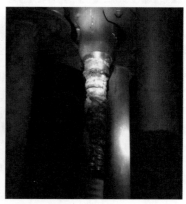

图 2-54　热缩管及环氧泥去除后照片

由于现场无法掌握 198℃高温的持续时间，以及对电力电缆外半导电、绝缘等的损伤程度。所以为了保证最终供电的可靠性和安全性，建议将该 A 相终端更换。

检修部门随即对该严重缺陷进行处理。拆除 A 相空气终端，并安装了 1 支空气终端和 1 支中间接头。

（三）缺陷原因分析

终端现场解剖照片见图 2-55。根据对 A 相终端解剖的结果来看，A 相终端应力锥表面未发现放电痕迹，可排除应力锥的安装、质量问题。

但应力锥末端存在明显放电痕迹，初步判断是由于潮气进入终端，加之尾管与铝波纹金属护套不能够形成有效连接，形成了悬浮电位，引起了应力锥末端金属铜网端口对电力电缆本体放电。

由于线芯并没有击穿，所以排除线芯里有水蒸气的可能。水汽进入终端内部的原因可能是：①铝护套内部所存在的潮气所致；②热缩管在热胀冷缩的情况下产生缝隙导致有水汽进入。

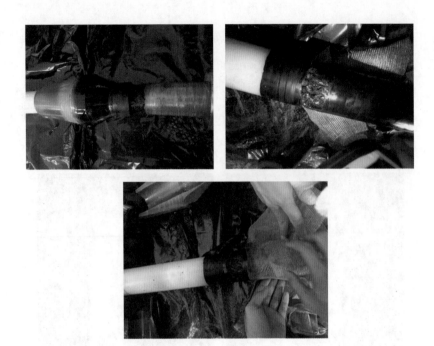

图 2-55　终端现场解剖照片

综合上述缺陷的发现、处理和分析过程，可确定缺陷原因如下：

（1）4 条铜连接线未能与电缆金属护套形成有效连接，形成悬浮电位，电阻过大，导致高温。同时由于潮气的存在，发生了电化学反应，导致金属护套腐蚀氧化，同时现场也发现了金属护套的轻微开裂现象。

（2）由于悬浮电位的出现，形成了应力锥末端金属铜网对电缆本体外半导电放电过程。

（四）后续预防措施

（1）巡视、检测层面。针对同厂家、同批次的户外终端，加强红外测温和接地电流检测工作，提高红外测温频率，重点关注尾管红外测温结果，发现异常及时处理。

（2）检修、施工层面。建议结合停电计划，对同批次终端采用铜编织带点焊＋环氧泥密封工艺的户外终端开展隐患排查工作。

（3）基建、物资招标环节。对于后续新建电缆工程中的户外终端，统一采用搪铅密封方式作为尾管防水密封工艺。

五、某终端局部放电缺陷案例

(一)缺陷基本情况

某日，带电检测发现 110kV 某线 115 间隔电缆仓特高频局部放电检测存在异常，使用超声仪器检测值为 39dB。后续使用超声仪器进行联合检测，检测值存在明显增长趋势。根据检测记录，2018 年 8 月 30 日、11 月 30 日均未发现异常。初步判定内部存在局部放电，放电位置在电力电缆仓 C 相电力电缆终端区域，并存在增长趋势。

(二)检测分析情况

1 月 22 日，检测人员综合运用特高频局部放电检测、高频电流局部放电检测及超声波局部放电检测手段对 115 间隔电力电缆仓进行了局部放电检测及定位，判断局部放电源位于某线 115 间隔出线电力电缆气室区域。高频局部放电、特高频局部放电、超声波、局部放电时差定位分析结果分别如表 2-6～表 2-9 所示。

表 2-6 110kV 某电力电缆线路高频局部放电检测结果

相别	部位	结论
A	110kV 某线 115 间隔出线电缆终端接地线	合格
B	110kV 某线 115 间隔出线电缆终端接地线	合格
C	110kV 某线 115 间隔出线电缆终端接地线	合格

表 2-7 110kV 某电力电缆线路特高频局部放电检测结果

检测部位	PRPS 图谱	PRPD 图谱	结论
空气环境	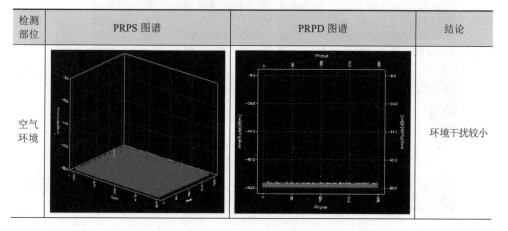		环境干扰较小

续表

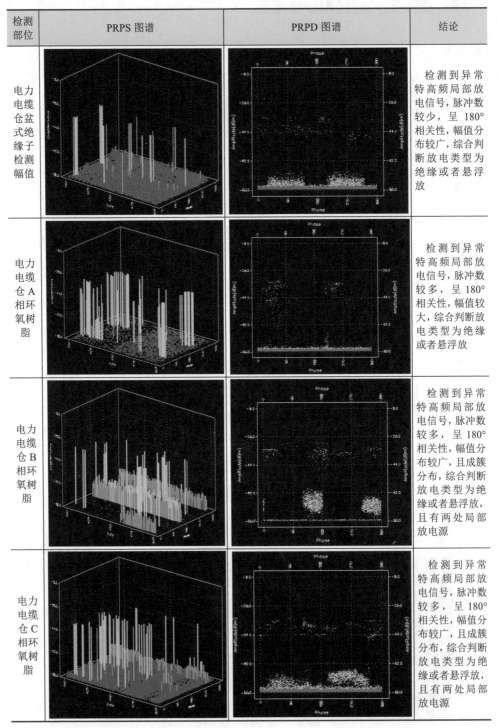

检测部位	PRPS 图谱	PRPD 图谱	结论
电力电缆仓盆式绝缘子检测幅值			检测到异常特高频局部放电信号，脉冲数较少，呈 180°相关性，幅值分布较广，综合判断放电类型为绝缘或者悬浮放
电力电缆仓 A 相环氧树脂			检测到异常特高频局部放电信号，脉冲数较多，呈 180°相关性，幅值较大，综合判断放电类型为绝缘或者悬浮放
电力电缆仓 B 相环氧树脂			检测到异常特高频局部放电信号，脉冲数较多，呈 180°相关性，幅值分布较广，且成簇分布，综合判断放电类型为绝缘或者悬浮放，且有两处局部放电源
电力电缆仓 C 相环氧树脂			检测到异常特高频局部放电信号，脉冲数较多，呈 180°相关性，幅值分布较广，且成簇分布，综合判断放电类型为绝缘或者悬浮放，且有两处局部放电源

表 2-8　　　　　　　110kV 某电力电缆线路超声波检测结果

检测部位	PRPS 图谱	PRPD 图谱	结论
110kV 某线 115 间隔 GIS	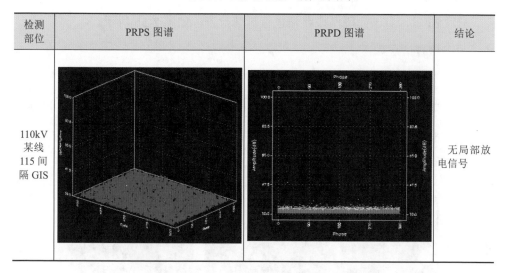		无局部放电信号

表 2-9　　　　　　110kV 某电力电缆线路局部放电时差分析检测结果

检测部位	传感器位置	时差图谱及波形	结论
110kV 某线 115 间隔 GIS	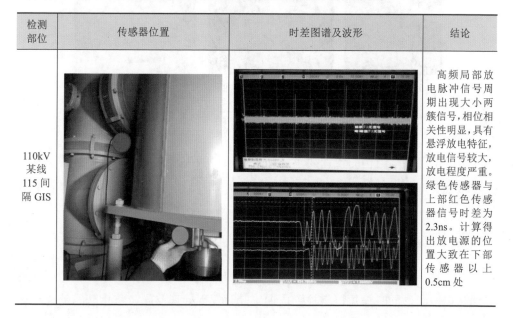		高频局部放电脉冲信号周期出现大小两簇信号，相位相关性明显，具有悬浮放电特征，放电信号较大，放电程度严重。绿色传感器与上部红色传感器信号时差为 2.3ns，计算得出放电源的位置大致在下部传感器以上 0.5cm 处

　　结合特高频局部放电检测、高频电流局部放电检测、超声波局部放电检测、时差分析法等多种检测手段，综合判断 110kV 某线 115 间隔出线电缆气室区域检测到的异常放电信号，且存在至少两处局部放电源，无法区分局部放电源相别。超声波局部放电测试未见异常，高频电流检测未发现异常信号。

（三）解体检查情况

1 月 26 日，对该间隔电缆终端进行拆解检查，如图 2-56 所示。

设备检查情况如下：

（1）对 110kV 某线间隔 3 相 110kV 电缆 GIS 终端分别进行拆解，检查应力锥主体与内锥绝缘子，发现无任何异常。

（2）电缆的开剖尺寸和电缆附件的安装尺寸均符合工艺要求。

（3）在电缆终端的均压环和电缆线芯上均发现放电痕迹。

（a）电缆终端外观　　　（b）限位均压环处放电　　　（c）线芯处放电

图 2-56　电缆终端进行拆解检查情况

根据电缆终端结构的设计要求，均压环须与触头紧密接触。从拆解情况看，厂家技术人员分析可能在安装施工环节中工人没有把触头顶紧均压环，导致限位均压环对电缆线芯及触头悬空，在运行中引起限位均压环对线芯及触头悬浮放电。

（四）后续预防措施

（1）梳理该公司同类型终端明细，加强对该类电缆终端设备带电检测，开展专项带电检测，同时缩短日常检测周期，及时发现处理问题，防止缺陷扩大。

（2）在高压电缆终端制作时，邀请专家组成员或电力电缆专业人员进行到位监督，确保安装工艺无误。

（3）按规程严格开展交接试验，在开展交流耐压试验时要求试验方务必同步开展局部放电检测，并提供检测报告。

六、某终端漏油缺陷案例

（一）缺陷基本情况

1. 缺陷概述

某日，巡视人员发现 110kV 某线 027 号塔 C 相电缆终端发生漏油，申请停电后进行处缺。次日 4 时 01 分，该线 027 号塔 C 相电缆终端漏油处缺完毕，线路恢复正常供电。某终端现场异常情况见图 2-57。

图 2-57 某终端现场异常情况

2. 线路基本情况

110kV 某线为架混线路，其中电缆长度 2.001km，投运日期为 2018 年 4 月 28 日，敷设方式为隧道，型号为 ZR-YJLW02-64/110kV-1×630mm²。电缆附件包括 2 组电缆终端、2 组电缆中间接头。

（二）解体检查情况

漏油终端塔下对应位置存在大量油迹，终端漏油情况严重，如图 2-58 所示。

经登塔检查后，明显可见电缆外护套表面油迹流经痕迹，切开尾管处热缩套管，发现铝护套表面存在流油情况，如图 2-59 所示。

图 2-58　终端对应塔下位置存在大量油迹

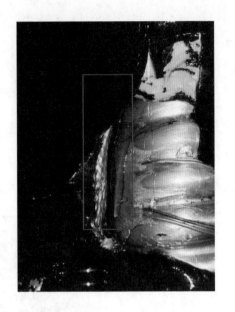

图 2-59　铝护套表面流油情况

剥除热缩套管，环氧泥渗油情况严重，如图 2-60 所示。

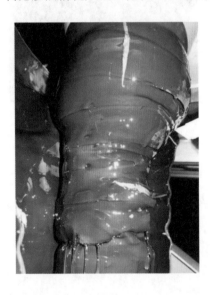

图 2-60　环氧泥渗油情况严重

拆除尾管，发现紧固锥托的收紧螺杆明显未拧紧到位，测量误差长度为 20mm，如图 2-61 所示。

图 2-61 收紧螺杆未拧紧到位

（三）缺陷原因分析

结合产品结构图，油浸式终端绝缘油位于复合套管内腔体部分，底部密封处分为三个位置：①复合套管与应力锥罩之间的密封，通过螺栓紧固并加垫橡胶密封圈的方式。②应力锥罩与应力锥间之间的密封，通过收紧螺杆连接锥托紧压应力锥方式。③应力锥与电缆本体的密封，通过应力锥本身的抱紧力实现密封，如图 2-62 所示。

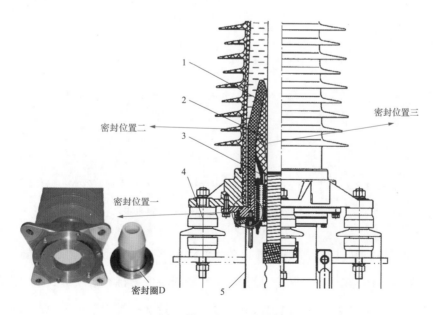

图 2-62 终端密封位置示意图

1—应力锥罩；2—应力锥；3—锥托；4—支撑绝缘子；5—管

　　若密封位置存在漏油情况，油应当由法兰位置流出；若密封位置二存在漏油情况，油应当沿皱纹铝护套流出；若密封位置三存在漏油情况，电缆本体应当存在油迹。

　　结合现场情况，分析得出：①铝护套表面存在流油情况。②收紧螺杆未拧紧到位（应力锥未插接到位）。认为此次漏油由密封位置二密封不到位导致，即应力锥与应力锥罩之间，漏油路径如图 2-63 所示。

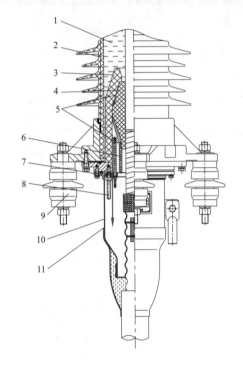

图 2-63　漏油路径

1—绝缘油；2—复合套管；3—应力锥罩；4—应力锥；5—绝缘油渗漏路径；6—弹簧锥托；

7—锥托法兰；8—收紧螺杆；9—支撑绝缘子；10—尾管；11—热缩管

　　结合产品资料和现场情况来看，此次漏油由施工安装不到位引起。施工中紧固锥托的收紧螺杆未拧紧到位，导致弹簧锥托未将应力锥有效顶紧到应力锥罩的内锥壁上，造成该密封界面出现渗油现象。在长期运行过程中，绝缘油渗入至尾管内，并最终渗过环氧泥和热缩套滴落至地面。

（四）后续预防措施

此次异常由施工安装不到位导致，建议施工单位严把施工质量，施工过程中做好相关记录并留存，同时建议运维单位做好施工质量监督工作。

施工单位应严格按照厂家标准工艺进行施工，并在接头记录中对组装接头的尺寸进行清晰体现。现场组装过程中应有厂家指导在现场进行工艺把关。对于因附件组装流程、工艺及安装位置等原因形成的隐蔽环节，应通过图像、影像资料的形式进行记录和留存，为运维单位对中间环节的检查提供相关依据。

运维单位后续验收工作开展前，应要求施工单位提供隐蔽环节的图像、影像资料，并及时进行资料检查，确保送电前完成对施工过程资料及记录的核对。

第一节　电力电缆中间接头结构

电缆中间接头的主要功能是实现两侧电力电缆的电气连接，中间接头的结构也是围绕电力电缆本体结构所设计的。在实现线芯导体联通的基础上，重点对电场强度优化、连接点绝缘、护层连接等环节进行处理，保证在实现两侧导通的基础上，中间接头不仅具有良好的电气性能，也具备防水、防潮功能及稳定可靠的机械结构。

高压电缆中间接头按用途可分为直通接头和绝缘接头。绝缘接头用于长电力电缆线路各相电缆金属护套的独立接地以减小金属护套损耗。直通接头则多用于采用单端接地的短距离线路及长距离电力电缆线路的故障恢复。高压绝缘接头的内绝缘结构尺寸与直通接头相同，但绝缘接头的金属护层和外半导电层在接头位置都要断开，从而实现中间接头两侧接地系统的相互绝缘与独立连接。

高压电缆中间接头按其制作工艺分，主要有预制型、绕包带型和压力浇铸型三种。

一、预制型接头

预制型电力电缆接头附件绝缘部分与电应力控制单元在工厂整体加工，硅橡胶等原材料在高温、高压下一体成型。整体预制型中间接头结构紧凑，安装简便，橡胶绝缘件内爬距长，设计裕度大，能适应于各类电力电缆敷设条件下长期安全运行。外护层采用高强度保护壳和防水绝缘密封结构，通过在保护壳内灌注防水密封胶，使其具有良好的机械保护和密封性能。

整体预制型电力电缆接头的结构如图 3-1 所示。

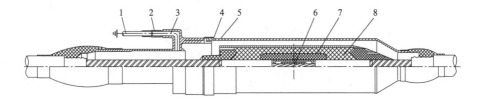

图 3-1 整体预制型电力电缆接头结构

1—接地电缆；2—接地连管；3—接地柱；4—铜保护壳；5—热缩管、防水带、PVC 带；

6—连接管；7—均压套；8—整体预制橡胶绝缘件

现阶段，整体预制型电缆接头因其一体化加工成型的特点便于施工、运行稳定，已成为应用最为广泛的高压电力电缆中间接头型式。

二、绕包带型接头

绕包带型接头的绝缘层及内外屏蔽层都是现场手工绕包制作的，其特点是工艺简便，缺点是允许工作电场强度较预制型和浇铸型的低，接头质量直接受施工条件影响（如绕包技术水平、环境条件等），劳动强度也较大。

绝缘绕包带包括乙丙橡胶带、丁基橡胶带、浸渍涤纶带、乙丙橡胶加辐照聚乙烯复合带、涂硅油的乙丙橡胶带等。采用辐照聚乙烯带是为了利用它的热收缩性压紧手工绕包绝缘。加入硅油的目的是减少气泡，提高电气性能。

绕包型电缆接头的结构如图 3-2 所示。

三、浇铸型接头

浇铸型接头在施工过程中将接头绝缘和电缆绝缘进行浇铸,使二者融为一体,可以缩小接头的结构尺寸。

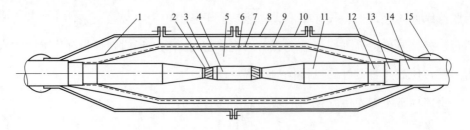

图 3-2　绕包型电缆接头结构

1—接地引线；2—线芯；3—半导电带；4—线芯连接管；5—绝缘自粘带；6—半导体带；7—金属屏蔽带；

8—加固带；9—防水层；10—保护盒；11—电力电缆绝缘；12—电力电缆半导电屏蔽；13—电力电缆铜带；

14—电力电缆护套；15—防水带层

以聚乙烯电缆的浇铸型接头为例，其工艺步骤如下：

（1）线芯连接。

（2）线芯外面包半导体聚乙烯带，使它与电缆的线芯屏蔽焊牢。

（3）套上模子，模子的内径相当于接头绝缘外径，模腔与一放满聚乙烯粒子的容器相连，该容器预热到 210～220℃。

（4）当容器预热好，模子加热时，充入氮气，以排除空气，防止聚乙烯氧化。

（5）在放聚乙烯的容器顶部加氮压，将熔融的聚乙烯压入模腔（约 2h）。

（6）浇铸完毕后，在外表面涂半导体漆和绕包半导体尼龙带保护，其外表包一层金属屏蔽带，并与电缆的金属护套相连接。

（7）最外面为金属防护外壳和防护用自粘绕包带。

交联聚乙烯电缆浇铸型接头的结构如图 3-3 所示。

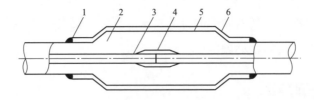

图 3-3　交联聚乙烯电缆浇铸型接头结构

1—自粘带；2—浇铸绝缘；3—半导体屏蔽；4—线芯连接管；5—半导体漆和尼龙带；6—金属屏蔽

浇铸型接头的特点如下：

（1）接头的绝缘和电绒绝缘融合为一整体，所以应力锥可做得很短。

（2）尺寸可比绕包带型减小一半以上。

（3）因为在金属模子内高压力下浇铸硫化，所以接头绝缘可以达到无气泡，电气性能好。

现阶段，综合考虑应用效果、技术要求、设备成本、适配性能等多种因素，各网省公司多采用预制型接头作为交联聚乙烯电力电缆的主要接头形式。

第二节　电力电缆中间接头施工工艺

电缆中间接头的施工安装是整个电力电缆系统建设过程中工序最复杂、工艺最细致的环节。中间接头的施工，应严格按照附件施工工艺图纸进行，保证各环节尺寸精准，避免在电缆断开、打磨、搪铅时伤及电力电缆，并保证中间接头各部分间连接稳定可靠。各厂家、各型号中间接头的施工工艺不尽相同，现将其中的主要工序整理如下。

一、电力电缆处理

（一）电缆摆放位置确定

（1）安装前查看电缆预留量是否足够，然后将电缆摆放到位，用校直机将电缆严重弯曲部分校直，确定安装中心点。对电缆进行表面清洁。

（2）标记电力电缆安装中心点，根据安装工艺，分别向两侧留足余量电缆。

（二）剥除电缆外护套与金属护套

（1）剥除电缆外护套，清洁底铅部位金属护套，用钢丝刷或其他工具去掉氧化层，并用铝焊条打底焊，操作时间不宜过长。底焊要均匀无漏层、无砂眼。

（2）去除金属护套时，应注意不能切伤电缆绝缘、屏蔽，金属护套内阻水带保留。将金属护套端口适当外翻，成喇叭口状，用锉刀将喇叭口处的尖角毛刺锉平整，防止损伤电缆本体。用玻璃将外护套切断口向后处半导电层或者石墨层处理干净。

（三）电缆加热校直

（1）在电缆线芯表面的阻水带外部绕包一层铝箔，然后将加热带缠绕在铝箔表面，将测温热电偶置于加热带与铝箔中间。

（2）将加热带连接到温控箱，接通电源，等达到预设温度后，用保温毯进行保温。

（3）加热结束后拆去加热带，将剥掉外护套部分的电缆扳直，然后用角铝或角钢绑扎固定电缆，进行校直，自然冷却至室温，自然冷却时间一般不少于 6h。加热过程中由专人全程值守。校直后电缆弯曲度要求每 600mm 不大于 2mm。

（4）开断电缆。将冷却好的电缆根据工艺要求做好最终锯断点标记，并锯断电缆。在锯断电缆时要保证被锯的电缆导体断面齐平，并与电缆本体垂直。

（四）绝缘与外屏蔽处理

按标准工艺尺寸用玻璃或专用剥切刀剥去绝缘屏蔽层，在剥除半导电层时应控制绝缘外径，避免造成绝缘表面凹凸或留下划痕。半导电屏蔽切断处圆周方向应光滑平整，并均匀过渡为锥面，锥面长度为 30~50mm。

（五）电缆端部处理

用剥切刀按要求尺寸剥出导体，用砂纸打磨掉导体表面氧化层，分割导体电缆需将内部的隔离纸去掉，并适当将绝缘端口锐边倒角。

（六）绝缘、半导电锥度打磨

使用目数从低至高的砂纸对电缆绝缘及屏蔽口打磨处理，保证打磨后的绝缘表面光滑平整。打磨过程中应不断在轴向和圆周方向快速移动砂纸，避免在局部位置长时间打磨而形成绝缘表面凹陷，整个操作过程中应严格控制电力电缆的绝缘直径不小于标称值；屏蔽口要求平整光滑，均匀过渡，没有台阶、凹陷，端口处不得有尖角、毛刺，端口应平直。

（七）电缆清洗与检查

用清洁纸或无尘纸将处理好的绝缘表面擦拭干净，然后用强光手电观察绝缘表面有无打磨、剥切后的痕迹，观察表面光洁度是否满足要求，观察屏蔽口的处理是否满足要求，检查无误后，用保鲜膜将绝缘表面包好。

二、预制绝缘件安装

（一）部件套装

向电缆长端、短端分别套装热缩管、铜壳、密封圈、环氧件，应按照套装标准顺序（即与安装流程相反的顺序）进行套装，且应避免两侧部件装反。需进行现场预扩的预制橡胶件应使用专用工装进行扩张，扩张前对专用工装进行清理和风干处理。套装绝缘橡胶件前应预先从半导电断口量取标准尺寸做好定位标记，并在绝缘橡胶件内部及电缆主绝缘表面均匀涂抹硅脂。套入部件前用保鲜膜和PVC胶带保护好电缆本体；套入冷缩接头时应将支撑管内的支撑条拉直后再套入电力电缆。

（二）导体压接及处理

（1）根据电缆线芯截面及工艺要求，准备好相应的压钳和压模。

（2）将两端电缆调直，将导体插入导体连接管中，通过中心孔观察，确保导体与连接管接触，中心孔位置应朝向侧面；确认两端电缆为直线状态，然后用相应的压模进行压接，两边各压一道；压模合拢后，应短时间静置。压接过程要保证电缆的直线度。

（3）压接完成后，量取绝缘间距尺寸是否满足要求，然后用锉刀将连接管表面的尖端毛刺去掉，用砂纸打磨光滑。检查电缆绝缘表面有无碰伤，若有，用砂纸重新打磨。

（4）将半导电胶带拉伸100%，将绝缘之间的空隙填充圆整，绕包直径小于绝缘直径；将半导电冷缩管移动到导体连接管处，逆时针拉支撑条，收缩半导电冷缩管，保证其一端与电缆绝缘紧密接触，然后拉掉其余支撑条，调整好冷缩管，最后将多余的冷缩管整齐切掉，环切口一定要整齐。

（三）预制件绝缘件安装

（1）以半导电部分为中心点，向两端量出标准尺寸，并用记号笔做好标记。

（2）用无水乙醇和清洁纸清洗电缆绝缘表面及导体连接处。

（3）用烘枪对绝缘表面进行干燥，在电缆绝缘层表面均匀涂抹一层硅脂，涂硅脂时，从电缆绝缘处分别向半导电屏蔽端和导体连接处涂抹。接触过半导电的手套和硅脂不能再接触绝缘。

（4）将中间接头预制件移到安装部位，从接头主体一端缓慢旋转抽拉支撑条，使接头主体一端先收缩到电力电缆标记处，确认无误后继续按逆时针抽拉支撑条，中间接头主体完全抱紧在电缆上，检查中间接头位置是否正确，如有问题及时调整。

（四）预制绝缘件外屏蔽处理

绝缘头处理方式如下：

（1）绕包半导电自粘带。把半导电自粘带拉伸100%，从两端电缆的金属护套端口开始绕包连接到预制绝缘件两端应力锥处，并将应力锥两端的台阶填平；然后在预制绝缘件主体黑色部分绕包半导电带。

（2）绕包铜网。以50%搭盖方式在预制件绝缘主体的半导电带上绕包一层铜网，并用铜扎线绑扎牢靠。

（3）绕包绝缘自粘带。把绝缘自粘带拉伸100%，在预制绝缘件上的绝缘段以50%搭盖方式绕包，然后从接头两端的金属护套开始以50%搭盖方式将预制绝缘件整体绕包。

（4）收缩热缩管。首先将热缩管套到应力锥上，调整好位置，保证热缩管两端至少要搭接到金属护套上50mm，然后在热缩管端口内的金属护套上缠绕防水绝缘胶条并收缩热缩管；最后在热缩管的端口处缠绕防水带、PVC带。

直通头处理方式如下：

（1）绕包半导电自粘带。把半导电自粘带拉伸100%，从两端电力电缆的金属护套端口开始绕包连接到预制绝缘件两端应力锥处，并将应力锥两端的台阶填平；然后在预制绝缘件主体整体以50%搭盖方式绕包一层半导电带。

（2）绕包铜网。以50%搭盖方式在预制件绝缘主体的半导电带上绕包一层铜网，两端分别与金属护套搭接，并用铜扎线绑扎牢靠。

（3）绕包绝缘自粘带。把绝缘自粘带拉伸100%，从接头两端的金属护套开始以 50%搭盖方式将预制绝缘件整体绕包。

（4）收缩热缩管。首先将热缩管套到应力锥上，调整好位置，保证热缩管两端至少要搭接到金属护套上 50mm，然后在热缩管端口内的金属护套上缠绕防水绝缘胶条并收缩热缩管；最后在热缩管的端口处缠绕防水带、PVC 带。

三、铜壳及接地线组装

（一）接头置中

移动铜壳检查是否能够保证中间接头与铜壳同心，铜壳灌胶口朝上，铜壳两端处于底铅位置，如不合适及时调整。

（二）铜壳组装

清洗铜壳密封圈，然后在 O 形圈表面涂抹一层硅脂放入密封槽内，然后用螺栓将两侧铜壳与环氧件连接到一起。

（三）尾管封铅及带材绕包

（1）将尾管与金属护套表面清理干净，然后用铅带将铜壳与金属护套空隙填充，保证铜壳与金属护套同心。

（2）两端进行封铅处理，分别与金属护套、铜壳搭接，封铅厚度比铜壳厚约10mm，比金属护套厚约 15mm；封铅应与金属护套和铜壳紧密连接，封铅致密性应良好，不应有杂质和气泡，厚度要求均匀不能有漏层，外形要光滑对称。封铅时间不宜超过 30min。

（3）待封铅处温度冷却到常温时，自外护套端口至铜壳绝缘层的范围内，依次以 50%搭盖方式缠绕绝缘带、防水带，带材要拉伸 100%，绕包要平整，收缩热缩管后在热缩管端口依次缠绕防水带、PVC 胶带。如电缆外护套两端开剥尺寸不一样，在长端一侧的电缆金属护套外，需收缩一根绝缘管，然后再按上述要求处理。

（四）灌装防水材料及带材绕包

（1）将防水胶按照标准配比均匀混合，从密封保护壳的一端口灌入，直至另一端排气孔溢胶后，停止灌胶。确认胶满后，在灌胶孔周围打上密封胶，然后用防水密封胶条在孔盖四周包一圈，最后在孔盖外绕包 PVC 固定。

（2）首先将铜壳表面清理干净，在法兰处填充胶泥，然后在两个接线端子之间以 50%搭盖方式依次绕包绝缘带、防水带，带材要拉伸 100%，绕包要平整，最后收缩热缩管，收缩完后在热缩管端口依次缠绕防水带、PVC 胶带。

（五）接地电缆安装

1. 交叉互联箱

将接地（同轴）电缆按照相关要求开剥出线芯导体，套入二指套和热缩管，然后将线芯插入铜壳接线管内；按照接地（同轴）电缆截面，选用合适压钳进行压接，压接一定要牢固，用锉刀或其他合适工具处理压接锐角，将表面擦拭干净。在同轴电缆外导体及压接部位外表面以 50%搭盖方式依次绕包绝缘带、防水带；在同轴电缆内芯外以 50%搭盖方式缠绕绝缘带，带材要拉伸 100%，绕包要平整，将空隙填充圆整。收缩热缩管，收缩完后在其端口处缠绕防水带、PVC 胶带。

2. 直接接地箱

首先将接地电缆按照相关要求开剥出线芯导体，套入热缩管，然后将线芯插入铜壳两端接线管内；按照接地电缆截面，选用合适压钳进行压接，压接一定要牢固，用锉刀或其他合适工具处理压接锐角，将表面擦拭干净。在压接部位外表面以 50%搭盖方式依次绕包绝缘带、防水带，带材要拉伸 100%，绕包要平整，将空隙填充圆整。收缩热缩管，收缩完后在其端口处缠绕防水带、PVC 胶带。最后将两根接线压接铜线端子，一起装到接地箱中。

3. 直通头

将一根约 1.5m 长的接地电缆两端剥除线芯导体，套入热缩管，然后将线芯插入铜壳两端接线管内；按照接地电缆截面，选用合适压钳进行压接，压接一定要牢固，用锉刀或其他合适工具处理压接锐角，将表面擦拭干净。在压接部位外表面以 50%搭盖方式依次绕包绝缘带、防水带，带材要拉伸 100%，绕包要平整，将空隙填充圆整，不能有漏层。收缩热缩管，收缩完后在端口处缠绕防水带、PVC 胶带。

第三节　电力电缆中间接头典型故障及缺陷

一、电力电缆中间接头产品质量问题

（一）绝缘橡胶件质量不良引发放电

电缆中间接头各组成环节中，中间接头预制绝缘件（应力锥）的结构最为精细，绝缘部分与半导电部分的清晰分界决定了中间接头部位的电场分布与可靠绝缘。当产品加工过程中绝缘部分与半导电部分分界出现混淆，存在局部突起或绝缘料与半导电料发生掺杂时，都将极大程度影响高压电缆中间接头部位的电场分布，造成中间接头故障击穿。此外预制绝缘件外部的合模缝应当光滑平整，避免造成局部绝缘配合不均匀，引发局部电场强度突变。如中间接头内部的预制绝缘件存在质量问题，当开展电力电缆试验或发生瞬时操作过电压、雷电过电压时，都极易造成中间接头发生击穿故障。

（二）辅料质量、数量不足引发故障缺陷

中间接头辅料中的带材主要涉及半导电带、绝缘带、防水带等，带材之间的搭接配合能够有效保障中间接头的电气连接及防水、防潮性能。近年来，部分附件存在配搭辅料数量不足，无法满足中间接头施工 100%拉伸、50%搭接、绕包层数等相关要求，致使中间接头内部导电性、防水、防潮性能受到影响，造成设备进水受潮，引发故障、缺陷。

二、电力电缆中间接头施工质量问题

电缆中间接头施工过程流程较为复杂，涉及施工工艺类型丰富，可能发生的施工质量问题也较为多样。

（一）工具割伤绝缘、屏蔽、橡胶件

中间接头组装过程中，剥除金属护套、电缆开断等环节均须使用锋利工具开

展工作，进行绝缘屏蔽、主绝缘处理、外屏蔽倒角打磨等环节时，需避免电力电缆本体处理过程中伤及主绝缘及屏蔽，并保证各层之间界面清晰。

（二）安装尺寸有误

在接头组装过程中，电缆开断、本体处理、橡胶件安装等各个环节均需严格按照施工工艺规定的尺寸进行处理及定位，如尺寸、位置有误，将造成接头内部电气连接或电场强度异常，投运后将引发接头内部局部发热或电流异常，进而引发设备故障。

（三）带材绕包层数、搭接有误

在接头组装过程中，各环节使用的绝缘带、半导电带、金属丝布等带材或类带材均需按照标准施工工艺进行安装，带材的搭接形式、绕包层数有误将造成接头内部各层之间的电气连接性能、密封性能、防水防潮性能发生异常。

（四）封铅质量不良造成发热、受潮

采用封铅作为中间接头末端密封形式时，铅包应饱满、密实，保证接头防水、防潮性能，避免因搪铅不均匀、内部有砂眼等原因造成设备进水受潮或发热，造成接头内部放电、发热乃至故障击穿。

（五）密封胶搅拌不匀造成渗漏

在对接头铜壳内部进行灌胶时，应保证 A、B 组分严格按照接头安装标准进行配比，并在短时内完成充分搅拌。如配比不准确或搅拌不充分，将造成灌注后的防水密封胶无法充分固化，在设备投运后受热发生渗漏缺陷。

三、电力电缆中间接头运行中的问题

电缆中间接头在运行过程中，应严格按照规程规范要求进行管理，带电移动、搬运中间接头将可能造成设备故障击穿。电缆中间接头位置应充分固定，避免因设备热蠕动造成损伤。中间接头位置应加装防火隔板、防火包带、接头灭火弹等防火消防措施，提升设备防火阻燃性能。对于架空、电缆混合线路，应按照制度要求确定线路重合闸投用原则，降低线路故障重合闸对电缆中间接头造成的瞬时冲击风险。

第四节 电力电缆中间接头故障缺陷预防措施

一、中间接头制作

应严格按照工艺标准进行施工，高压电力电缆附件安装质量控制要点如表 3-1 所示。

表 3-1 高压电力电缆中间接头安装质量控制要点

工序	控制要点	操作事项	工作要求
施工准备工作	确保人员具备相应技能	培训作业人员	完成人员技能培训工作，持证上岗
	确保工器具完备可用	检查工器具	完成工器具检查工作
	确保产品质量合格	验收附件材料	开展附件外观检查
	确保安装人员掌握施工工艺流程	施工工艺交底	完成施工人员现场交底，施工过程中厂家技术指导全程把关
	确保现场环境安全和谐	现场环境控制	制订现场环境控制方案
切割电力电缆及电力电缆护套的处理	确保后续工序施工	剥除电缆外护套	符合工艺图纸要求，避免伤及电缆
		去除石墨层/外护套半导电层	长度符合工艺图纸要求
		剥除金属护套	符合工艺图纸要求，无金属末残余
	确保金属护套可靠接地	铝护套搪底铅	严格控制温度，去除表面氧化层，确保接触良好
电力电缆加热校直处理	防止电缆过热	控制好电缆绝缘温度	电缆绝缘不得过热，施工人员应全程看护
	确保加热校直效果	有充足时间加热校直	加热校直时间不宜过短，加热完成后充分冷却
		减少电缆弯曲度	校直后电缆弯曲度要求每 600mm 不大于 2mm
电力电缆主绝缘预处理	确保电缆主绝缘表面光滑，提高界面击穿电场强度	主绝缘表面用砂纸精细加工	按照砂纸标号由小到大多次打磨至光滑
		外半导电与主绝缘层的台阶形成平缓过渡	按照附件厂商工艺尺寸进行处理
		主绝缘直径与应力锥尺寸匹配	检查主绝缘外径与应力锥尺寸相配

工序	控制要点	操作事项	工作要求
压接金具	确保电缆导体连接后能够满足电缆持续载流量及运行过程中机械力的要求	用压接模具压接,将电缆导体连接	线芯、金具及压接模具三者匹配,确保压力和压接顺序
		接管表面进行打磨	接管表面光滑无毛刺
安装绝缘预制件	确保主体附件正确顺利安装在预定位置	确认最终安装位置	预先做好安装定位,安装过程中做好电缆保护
安装铜壳	确保电缆附件的密封	确认附件密封性能	按照工艺图纸组装铜壳,加装热缩管,密封胶灌注充分
接地与密封处理	确保电缆金属护套可靠接地,并确保实现电缆附件密封防水	确认接地与密封	根据设计要求,完成金属护套恢复及接地工作;根据工艺图纸要求进行密封处理

二、中间接头验收及巡视

（1）电缆中间接头型式、规格应与电缆类型，如电压、芯数、截面、护层结构和环境要求一致。

（2）电缆中间接头不应敷设在变电站夹层、检查井下方。

（3）电缆中间接头上应有明显的相色标识，且应与系统的相位一致。

（4）通道内并列敷设的电缆，其接头的位置宜相互错开。

（5）电缆中间接头两端应刚性固定，每侧固定点不少于 2 处，并根据设备电压等级进行增加；直埋电缆接头盒外面应有防止机械损伤的保护盒（环氧树脂接头盒除外）。电缆接头处宜预留适量裕度，裕度应不小于制作一支中间接头所需的电缆长度。

（6）电缆中间接头位置应有铭牌，标明型号、规格、制造厂家、出厂日期等信息，现场安装完成后应规范挂设标识牌，包括线路名称、电气接线图、附件型号、附件厂家、投运日期、安装单位、安装人员等信息。

（7）电缆中间接头应采用灭火弹等防火技术措施。

（8）检查中间接头是否浸水、电缆接头铜壳、接地线等连接部位是否出现发热或温度异常现象。

（9）检查中间接头外部是否有明显损伤及变形，环氧外壳密封是否存在内部密封胶向外渗漏现象。

三、中间接头状态检测

（1）针对中间接头位置开展状态检测时，应同期开展电力电缆接头"四测"，即开展接头测温、接头换流、电缆负荷及局部放电检测。

（2）中间接头测温时，应对接头各个部位进行红外检测，重点关注接头封铅、地线压接等易发热部位，检测宜在设备负荷高峰、光照较弱的状态下进行，临近位置存在2℃以上温差的，应加强监测，局部温差达到4℃的，应进行停电检查。

（3）中间接头环流检测时，护层电流绝对值应小于100A，且金属护层接地电流/负荷比值小于20%，金属护层接地电流相间最大值/最小值比值小于3。

（4）开展负荷测量时，应通过比值对护层接地电流情况进行校核，并定期对实测负荷与系统监测负荷进行比对。

（5）进行局部放电检测时，可通过高频、特高频、超声等多种技术手段进行现场检测。根据各检测部位的幅值大小（即信号衰减特性）、三相信号相位特征，初步定位局部放电部位。根据单个脉冲时域波形、相位图谱特征，初步判断放电类型。具备条件时，综合应用超声波局部放电检测仪、示波器等仪器进行精确定位。

（6）具备条件时，应充分利用状态检测新技术对电缆中间接头状态进行综合评估，例如通过涡流探伤对接头内部封铅状态进行检测，通过X射线检查接头内部状态等。

第五节　电力电缆中间接头故障缺陷典型案例

一、某220kV电力电缆线路中间接头故障案例

（一）故障基本情况

某日某220kV电缆线路终端漏油处缺完工送电时，开关双套纵差保护跳闸。

经核实，该 220kV 电缆线路 12 号中间接头故障，故障相别为 C 相。故障现场如图 3-4 所示，中间接头铜壳已爆开，中间接头烧损严重。

图 3-4　故障电缆中间接头严重烧损

现场勘查发现，此次中间接头故障导致其临近 A 相与 B 相电缆本体绝缘外护套严重烧损，铝护套出现不同程度裸露，如图 3-5 所示。

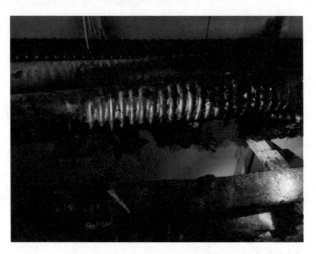

图 3-5　故障接头临近 A、B 相电缆本体外护套已烧损

经全线巡查，发现故障电缆线路 1 号中间接头附近电缆本体铝护套发生烧蚀现象，经开天窗处理发现，电缆本体未受损伤，经核实，烧损位置位于电缆金属

支架正上方，烧损区域正对金属支架，如图 3-6 所示。分析此处电缆本体绝缘较为薄弱，在护层感应过电压下对电缆支架放电，最终导致护层烧损。同时巡检还发现 1、7、10、11 号交叉互联箱有鼓包变形情况。

图 3-6　故障线路 1 号中间接头临近本体铝护套烧蚀

（二）解体检查情况

1. 故障相解体检查情况

故障电缆中间接头整体情况如图 3-7 所示。电缆中间接头铜外壳存在 33cm 长破裂口，且外漏绝缘橡胶件存在明显击穿孔洞。

图 3-7　故障电缆中间接头整体情况

剥离金属铜壳，可以发现绝缘橡胶件存在大面积烧蚀情况，烧蚀区域长度达 50cm。绝缘橡胶件烧蚀情况如图 3-8 所示。

将绝缘橡胶件避开烧蚀区域切开，绝缘橡胶件安装情况如图 3-9 所示，绝缘橡胶件不存在错位情况。

图 3-8　绝缘橡胶件烧蚀情况

图 3-9　绝缘橡胶件安装情况

切开绝缘橡胶件，观察电缆本体故障击穿位置及对应绝缘橡胶件击穿位置，此次故障击穿点高压起始位置为线芯屏蔽罩端部，为绝缘橡胶件径向击穿，如图 3-10 所示。

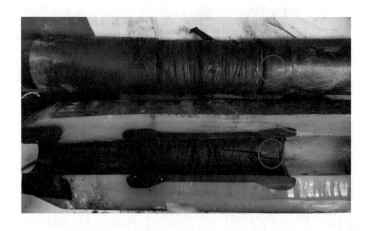

图 3-10　电缆本体及绝缘橡胶件击穿位置对应情况

剥开电缆线芯处屏蔽罩外半导电胶带,可发现屏蔽罩边缘存在明显烧蚀情况,如图 3-11 所示。

图 3-11 线芯屏蔽罩烧蚀情况

2. 非故障相接头解体检查情况

解体前对送检电缆中间接头进行外观检查,A 相、B 相电缆中间接头外观检查无异常,如图 3-12 所示。

 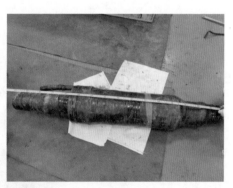

（a）A相 （b）B相

图 3-12 非故障相电缆中间接头外观情况

拆除电缆中间接头金属铜壳,金属屏蔽网及内、外半导电包缠胶带无异常,剥除后,绝缘橡胶件两端防水胶封堵良好,胶带包缠情况良好,绝缘橡胶件无异常,如图 3-13 所示。

剖开绝缘橡胶件,绝缘橡胶件位置情况无误,观察绝缘橡胶件内表面、电缆主绝缘表面、外半导电层断口倒角、线芯屏蔽罩部位,均无异常,如图 3-14 所示。

（a）A相 　　　　　　　　　　　（b）B相

图 3-13　非故障相电缆中间接头绝缘橡胶件外表面情况

（a）A相 　　　　　　　　　　　（b）B相

图 3-14　非故障相电缆中间接头绝缘橡胶件内部情况

3. 故障区域电树枝检查

沿故障击穿位置轴向剖开绝缘橡胶件，观察击穿路径，击穿孔洞直径约 10mm，击穿路径位置与绝缘橡胶件内半导电层合模缝位置基本一致，如图 3-15 所示。

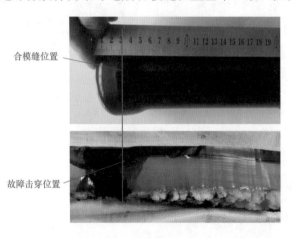

图 3-15　绝缘橡胶件击穿路径位于合模缝附近

图 3-16　击穿路径侧电树枝情况

对绝缘橡胶件击穿位置附近进行切片处理，发现一处电树枝情况，如图 3-16 所示。该电树枝起始位置由击穿路径引出，为轴向方向。分析此电树枝并非故障原因，而是由故障冲击所致。

4. 合模缝区域电树枝分析

绝缘橡胶件内半导电层在生产过程使用的模具结构使其产品会存在 2 条轴向和 2 条环形合模缝，为避免合模缝存在毛刺导致绝缘橡胶件整体绝缘性能下降，生产出内半导电层后，会对其合模缝位置进行打磨，厂家提供的样品尺寸及打磨情况（非故障接头内部构件）如图 3-17 所示。

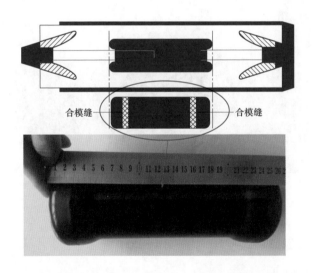

图 3-17　厂家提供的样品尺寸及打磨情况（非故障接头内部构件）

观察此次故障电缆中间接头绝缘橡胶件内半导电层，合模缝打磨情况均良好，未见电树枝生长情况。环向合模缝位置观察情况如图 3-18 所示，轴向合模缝位置观察情况如图 3-19 所示。

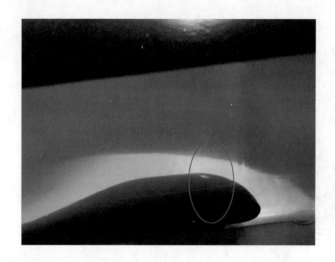

图 3-18　环向合模缝位置无电树枝

图 3-19　轴向合模缝位置无电树枝

（三）故障原因分析

1. 击穿通道分析

（1）击穿路径位置位于绝缘橡胶件内半导电层合模缝位置附近。结合故障相解体情况来看，此次故障击穿为主绝缘橡胶件径向击穿，击穿起始位置为线芯屏蔽罩端部，击穿通道为绝缘橡胶件内半导电层至外半导电层，如图 3-20 所示，击穿路径位置与绝缘橡胶件内半导电层合模缝位置基本一致。

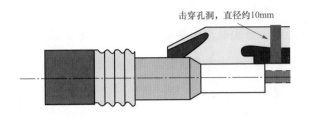

击穿孔洞，直径约10mm

图 3-20　故障电缆中间接头击穿通道示意图

（2）该起故障与过往案例故障情况类似。故障均发生在合闸操作瞬间，故障位置均位于绝缘橡胶件内半导电层合模缝位置处。合模缝位置为绝缘橡胶件质量薄弱环节，具有易存在毛刺等特点，且该位置距绝缘橡胶件外半导电层的绝缘距离最短，导致该路径最易发生故障击穿，本次故障也由此路径击穿。

2．原因分析

（1）故障击穿位置施工工艺良好，非故障原因。解体过程中，绝缘橡胶件内表面和外表面均未发现毛刺或台阶压伤绝缘橡胶件现象，且绝缘橡胶件外接触面（半导电胶带）施工工艺良好，绝缘橡胶件内接触面（线芯屏蔽罩外包缠胶带）施工工艺良好。

（2）合闸操作过电压非本次故障主要原因。结合操作过电压测试结果，两侧变电站的操作过电压测试结果分别为 1.1p.u.和 1.42p.u.，测试结果均符合标准要求，因此合闸操作过电压仅为此次故障的诱发因素，并非故障的主要原因。

（3）初步分析此次故障为绝缘橡胶件产品质量问题。排除施工质量因素影响和操作过电压影响，此次击穿故障由绝缘橡胶件内部因素决定。结合该厂家电缆中间接头以往的故障案例情况，此次故障发生位置、发生时刻均与之前的故障案例具有较大的一致性。经核实，该线路电缆中间接头附件厂家涉及 3 家单位，仅该厂家产品发生故障。初步分析此次故障为产品质量问题，且为故障的主要原因。

3．分析结论

（1）此次故障主要原因为产品质量问题，对此次故障电缆中间接头切片分析发现，此次故障发生位置为绝缘橡胶件内半导电层合模缝位置，此次故障与以往该厂家产品故障案例高度一致，分析此次故障产品质量存在缺陷为故障的主要原因。

（2）合闸操作过电压为此次故障的诱发因素，并非故障的主要原因。经现场测试，两侧变电站操作过电压测试结果均满足标准要求。同时结合故障录波情况，故障录波图中并未发现明显操作过电压，因此判断此次故障合闸操作产生操作过电压非故障主要原因，仅为此次故障的诱发因素。

（四）后续预防措施

（1）针对电缆接头两侧各约 3m 区段及其临近并行敷设的其他电力电缆，采用阻燃包带或电缆防火涂料实施阻燃，进一步提升高压电缆接头区域的防火能力。

（2）建议与厂家对生产工艺及结构等方面进一步沟通分析，找出此条线路的共性与个性问题，最终确定更换策略。

二、某 35kV 电缆电力电缆线路中间接头故障案例

（一）故障基本情况

某日某 35kV 电力电缆线路跳闸，重合不成功。经现场检查发现，故障点为线路 2 号中间接头位置。现场勘查发现，接头井内有约 50cm 积水，接头悬吊离地约 1.5m，无接头泡水现象。电缆故障接头见图 3-21。

图 3-21　电缆故障接头

由变电站故障录波数据可知，故障发生前，A、B 两相先后发生间歇性单相接地故障，单相接地故障录波图如图 3-22（a）所示。故障发生时，线路 A、B 两相电压降低至 5.3kV，C 相电压升高至 31.4kV，电缆线路发生相间短路故障，故障电流峰值可达 6kA，故障持续时间为 580ms，相间短路故障录波图如图 3-22（b）所示。

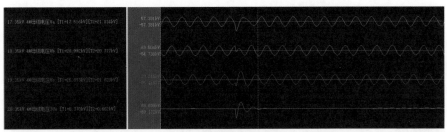

（a）单相接地故障录波图

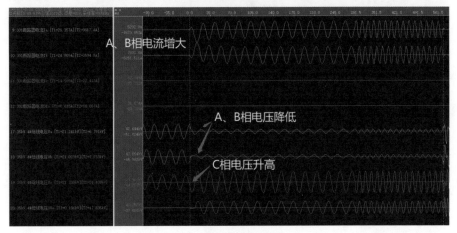

（b）相间短路故障录波图

图 3-22 变电站内 35kV 母线故障录波图

（二）解体检查情况

1. 外观检查

解体前进行外观检查，送检故障中间接头外护套表面有一处破损区域，如图 3-23（a）所示。破损区域绝缘橡胶件裸露，如图 3-23（b）和图 3-23（c）所示。

2. 进水受潮分析

对故障接头进水受潮情况进行检查分析，可见外护套防水带材层间内部渗水，如图 3-24（a）所示；剥离外护套时，发现绝缘橡胶件表面有明显水渍，如图 3-24（b）所示；剥开绝缘橡胶件两端防水带材，发现防水带材内表面有水渍，如图 3-24（c）所示。

（a）故障电缆接头整体外观

（b）局部破损1

（c）局部破损2

图 3-23　故障中间接头整体情况

（a）防水带材层间进水

（b）绝缘橡胶件表面水渍

（c）绝缘橡胶件端部水渍

图 3-24　电缆中间接头进水情况

3. 故障点分析

（1）绝缘橡胶件外观检查。剥离外护套后，对三相绝缘橡胶件外观进行检查，如图 3-25 所示。发现 A、B 两相绝缘橡胶件破损严重，C 相外观未见异常。

图 3-25　三相绝缘橡胶件外观检查

（2）A 相解体分析。观察 A 相故障接头，绝缘橡胶件由端部开裂约 20cm，从裂口可见内部电缆主绝缘和铜导体严重烧蚀烧熔，如图 3-26 所示。

图 3-26　A 相故障中间接头绝缘橡胶件开裂

剖开 A 相绝缘橡胶件，发现压接管两侧电缆主绝缘表面均可见明显的贯穿性沿面放电通道，主绝缘表面受损严重，放电高压起始位置位于压接管端部，该区域压接管及铜导体已烧蚀烧融。绝缘橡胶件有多处径向击穿孔洞及开裂，如图 3-27 所示。

（3）B 相解体分析。B 相绝缘橡胶件端部有两处开裂，其中一处自绝缘橡胶件端部起开裂，长约 6cm；另一处开裂为 4cm×4cm 的击穿孔洞，位于距端部 6cm 处，如图 3-28（a）所示。端部包缠的半导电带及防水带材有松脱迹象，用手可轻松揭开，如图 3-28（b）所示。

剖开 B 相绝缘橡胶件，发现压接管一侧电缆主绝缘存在贯穿性沿面放电，电缆主绝缘烧蚀烧尽，铜导体裸露；另一侧主绝缘表面可见轻微沿面放电痕迹，如图 3-29 所示。

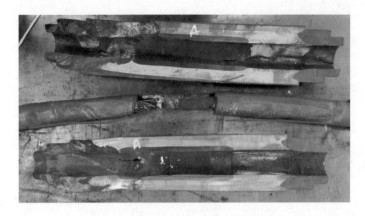

图 3-27　故障 A 相主绝缘贯穿性放电

（a）绝缘橡胶件端部起开裂

（b）绝缘橡胶件外侧半导电带及
防水带材松脱

图 3-28　B 相故障中间接头

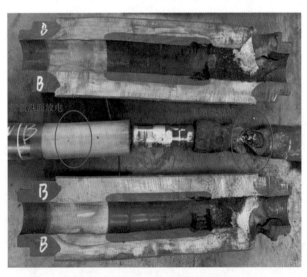

图 3-29　故障 B 相主绝缘烧蚀严重

（4）C相解体分析。C相中间接头绝缘橡胶件外观无异常，解体观察可见电缆主绝缘有轻微沿面放电痕迹，如图3-30所示。

 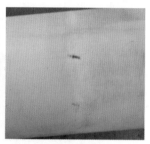

（a）非故障C相解体 　　　　　　　　　（b）放电痕迹

图3-30　非故障C相绝缘橡胶件解体

4. 施工工艺分析

对故障接头施工工艺进行检查，复核接头安装尺寸，无问题。发现故障接头主绝缘断口、半导电层断口制作及绝缘橡胶件端部半导电胶带包缠不符合厂家工艺要求，具体问题如下：

（1）对主绝缘断口进行检查，发现主绝缘断口边缘锋利、有毛刺，不满足工艺中"去除绝缘端部尖角"的要求，如图3-31（a）所示。对主绝缘外半导电层断口进行检查，发现打磨不均匀，且有破损形成尖端棱角，不满足工艺中"剥切时要求断面整齐，不允许有台阶、凹坑。外半导电层端部倒成小斜坡，使之与绝缘层光滑过渡"的要求，如图3-31（b）所示。

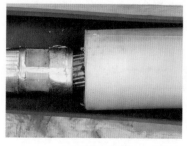 

（a）倒角工艺不足 　　　　　　　　（b）半导电断口打磨不足

图3-31　接头制作工艺问题

（2）根据厂家安装工艺，半导电胶带应紧密缠绕在防水胶带外部，并覆盖绝缘橡胶件主体 45mm。经核实，半导电带搭接绝缘橡胶件主体长度仅为 30mm，不满足工艺要求，如图 3-32 所示。

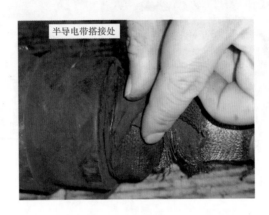

图 3-32　半导电带搭接面不足

（三）故障原因分析

经上述解体，故障原因分析如下：

（1）故障接头发生进水受潮现象。解体发现三相中间接头外护套防水带材层间、绝缘橡胶件外表面及两端防水带内侧均可见有水分侵入，该中间接头存在进水受潮问题。

（2）故障接头发生相间击穿故障。故障电缆接头发生 A、B 两相击穿，C 相未见击穿。故障相接头主绝缘均发生贯穿性沿面放电，未故障相也可见沿面放电痕迹，故障电缆接头示意图如图 3-33 所示。

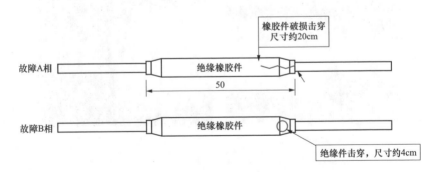

图 3-33　故障电缆接头示意图

（3）安装工艺存在问题。复核接头安装尺寸，该中间接头安装尺寸无问题，但解体发现安装工艺方面存在问题。电缆主绝缘断口倒角、绝缘屏蔽外半导电断口剥切打磨以及绝缘橡胶件两端半导电带缠绕尺寸均未按工艺要求进行施工，安装工艺存在问题。

由上述分析可知，该类中间接头防水结构较差，接头长时间在潮湿环境中运行，内部进水受潮，绝缘性能下降，最终导致故障发生。

（四）后续预防措施

（1）组织开展 35kV 电力电缆中间接头增强型防水工艺分析工作，调研各厂家 35kV 电力电缆接头增强防水密封技术，完善接头防水工艺及技术条件。

（2）鉴于 35kV 电力电缆中间接头屡次因进水受潮发生故障，建议全面开展 35kV 电力电缆线路超低频介质损耗试验，通过超低频介质损耗检测试验及时发现电力电缆进水受潮情况，避免故障发生。

（3）全面加强高压电力电缆接头施工工艺全过程管控，通过移动作业 App 等技术手段对中间接头安装中间环节进行完整记录。

三、某 500kV 电力电缆线路中间接头故障案例

（一）故障基本情况

某日某 500kV 电力电缆线路保护动作，断路器跳闸，故障录波显示短路电流为 38kA，故障测距离线路末端变电站侧 1.15km。经现场检查，发现 2 号电缆接头 C 相下部有直径约 50mm 的击穿孔洞，击穿点位于接头铜壳尾管部位，如图 3-34 所示。

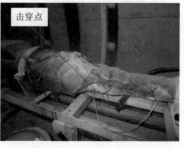

图 3-34　故障线路 2 号接头故障点位置

（二）解体检查情况

1. 同轴电力电缆引出盒内部情况

去除交叉互连同轴电缆引出盒，互连同轴电缆接线正确，连接可靠，内部硅胶固化良好，如图 3-35 所示。

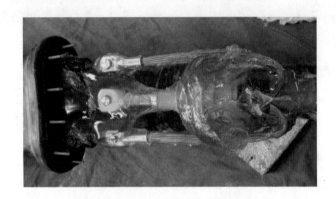

图 3-35　同轴电缆引出盒内部情况

2. 接头封铅情况

接头包含三处封铅位置，分别为铜壳中间部位及铜壳与两侧电缆金属套连接部位。接头两侧铜壳与金属套连接部位封铅均发现沿圆周方向的裂缝，如图 3-36 所示。

图 3-36　接头两侧封铅情况

3. 接头铜壳尾管割开检查情况

分别沿圆周方向割开接头两侧铜壳尾管，检查接头施工工艺情况。发现受电侧电缆绝缘屏蔽外部铜网绕包后与电缆金属套焊接，未按工艺要求采用铜编织带将铜网与电缆金属套焊接连接，如图 3-37 所示；发电侧电缆绝缘屏蔽外部铜网未按工艺规定采用铜编织带将铜网罩和铝锥进行焊接连接，如图 3-38 所示。

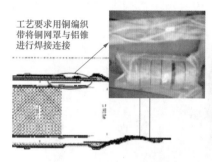

图 3-37 受电侧铜壳尾管检查情况

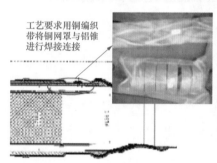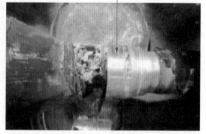

图 3-38 发电侧铜壳尾管检查情况

4. 发电侧铜壳内部情况检查

除去发电侧铜壳后，发现内部硅胶填充均匀，固化良好。取出硅胶后，接头预制件表面包带及铜网未见异常，如图 3-39 所示。

图 3-39 发电侧铜壳内部接头预制件包带及铜网

5. 局部放电检测同轴电缆安装情况

将同轴电缆内芯和外芯焊接处露出，内、外芯安装位置正确，焊接牢靠。内外芯之间的电阻为32Ω，满足工艺要求（10～50Ω）。局部放电检测内外电极焊接处出现铜绿，有氧化痕迹，如图3-40所示。

图3-40　局部放电检测同轴电缆安装情况

6. 击穿通道情况

剥除故障点周围带材，露出电缆绝缘击穿通道。通道中心距护套断口210mm、距铝锥端口约40mm，故障点轴向直径长度为45mm，径向直径长度为60mm，深度为39mm，如图3-41所示。

图3-41　电力电缆绝缘击穿通道

（三）故障原因分析

（1）根据运行记录，线路运行期间的最大负荷和击穿故障时的负荷都远远小于额定负荷，排除线路因过负荷情况发生击穿故障。故障时天气晴好，无雷电，系统无操作，过电压不是此次绝缘击穿的原因。电缆线路敷设于专用电力电缆隧道，不存在外力破坏现象。

（2）电缆绝缘微孔杂质和半导电屏蔽层与绝缘层界面微孔突起的试验结果符合国家标准要求。接头预制件部分未见异常现象，预制件安装尺寸满足工艺要求。

（3）根据工艺要求和施工记录，电缆金属套与铝锥在进行氩弧焊的过程中散热措施良好，焊接点温度控制在 200℃以下，未对电缆绝缘屏蔽或绝缘造成伤害。对该处电缆绝缘样品开展的差示扫描热量法（differential scanning calorimetry，DSC）试验结果也表明，绝缘没有因为过热而出现重结晶现象。

（4）位于接头受电侧的铜网未经铜编织带与电缆金属套焊接相连，而是直接将铜网焊接至电缆金属套上，虽与工艺图纸不符，但此种连接方法也可以保证铜网与电缆金属套保持等电位，不会引起电缆故障。

（5）位于故障电缆发电侧电缆铝锥和铜网之间未使用铜编织带进行焊接连接，与安装图纸和工艺严重不符。此处铜网由于没有接地，铜网在运行过程中处于悬浮高电位，进而在附近形成高电场区域并产生放电，对绝缘屏蔽和绝缘造成伤害，最终导致该处电缆绝缘击穿。

（6）局部放电检测同轴电缆内外芯焊接的铜片表面出现铜绿，表明铜片已经开始氧化，并在水分的作用下产生铜绿。铜片表面的铜绿可能会增加铜片与同轴电缆之间的接触电阻，最终影响局部放电信号的测量。

（四）后续预防措施

（1）对此次故障的电缆线路其他接头安装过程中的铜网与电缆铝套连接情况进行排查。

（2）局部放电检测同轴电缆焊接的铜片表面应进行镀锌处理，防止在运行过程中铜片表面锈蚀影响局部放电信号的测量。

四、某110kV电力电缆线路中间接头发热缺陷案例

（一）缺陷基本情况

某日，电力电缆运维人员巡视检测发现某 110kV 电力电缆线路 1 号中间接头 C 相发电侧封铅部位温度为 48.2℃，其他两相同部位温度分别为 41.5、41.8℃，

发热部位相对温差近 7℃。超声、高频、特高频局部放电测试均无异常，如图 3-42～
图 3-44 所示。

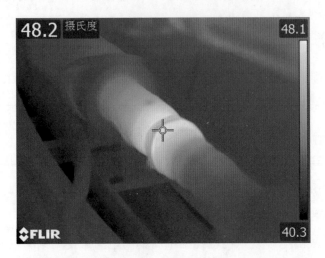

图 3-42　1 号接头 C 相封铅位置温度

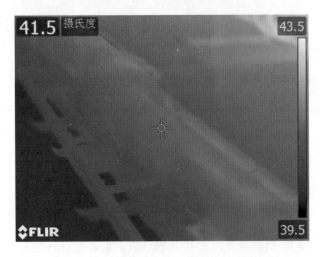

图 3-43　1 号接头 A 相封铅位置温度

（二）停电检查情况

　　经现场停电并去除接头两侧封铅位置热缩管、防水带材后，检查两侧封铅与
铜壳连接位置，均存在明显缝隙且搪铅尺寸不满足工艺要求，封铅外表面毛糙不
光滑，如图 3-45 和图 3-46 所示。电缆本体和铜壳可明显移动，表明封铅与铜壳
已分离。

图 3-44　1 号接头 B 相封铅位置温度

图 3-45　线路发电侧搪铅缝隙

图 3-46　线路受电侧搪铅缝隙

分别在两侧用热风枪加热、吹除原封铅；用钢丝刷打磨铝护套和铜壳表面，按照工艺要求重新搪铅；冷却后包缠防水带，热缩管密封；电缆中间接头复位，紧固两侧抱箍；恢复交叉互联电缆，并逐层绕包防水绝缘带材和 PVC 胶带，如图 3-47～图 3-49 所示。

图 3-47　吹除原封铅

图 3-48　重新搪铅

图 3-49　恢复绝缘、防水

（三）缺陷原因分析

此次中间接头搪铅位置发热案例，经现场勘察和研判，发热的原因是原中间头安装中的搪铅工作未按照工艺要求执行，一是搪铅位置的金属护套和铜壳打磨不充分，二是搪铅成型后尺寸不符合要求，造成局部连接出现虚接，在护层电流的长期作用下，逐步造成发热。

（四）后续预防措施

（1）加强搪铅等电力电缆接头关键工艺标准的宣贯和培训，让一线接头人员掌握标准技能。

（2）加强安装过程的质量管控，通过现场旁站、定期抽检、接头记录、照片记录等严控接头质量，并加强后续施工质量的持续监督。

第四章
附属设备典型故障缺陷

第一节 电力电缆附属设备

附属设备是避雷器、接地装置、供油装置、在线监测装置等电力电缆线路附属装置的统称。根据往年案例，附属设备故障缺陷多发生在接地装置、避雷器与连接金具位置。

一、避雷器的结构

无间隙金属氧化物避雷器（metal oxide arrester，MOA）通常指氧化锌避雷器，是目前最先进的过电压保护器，它用于保护电气设备不受大气过电压和操作过电压的损坏。由于 MOA 与氧化硅避雷器相比具有保护性能好、能量吸收大、稳定性好等优点，已逐渐取代了氧化硅避雷器，在我国高压、超高压系统中几乎处于垄断地位。氧化锌避雷器主要包括以下几个部分：

1. 非线性金属氧化物电阻片（通常称阀片）

避雷器主要工作元件由金属氧化物制成。由于它具有非线性伏安特性，在过电压时呈低电阻，从而限制避雷器端子间的电压，而在正常工频电压下呈现高电阻。

2. 避雷器内部均压系统

并联于一片或一组电阻片上的均压阻抗，主要是均压电容器，使沿电阻片柱的电压分布均匀。

3. 避雷器均压环

一种金属部件，通常呈圆环形，用以改善静电场下避雷器的电压分布。

4. 避雷器压力释放装置

用于释放避雷器内部压力的装置，并防止外套由于避雷器的故障电流或内部闪络时间延长而发生爆炸。

5. 避雷器脱离器

联结在避雷器与地之间，正常运行时、避雷器动作时脱离器不动作。当避雷器受潮或老化时，泄漏电流达到一定数值，脱离器应有效或永久脱离。

二、接地装置的组成与结构

电缆接地装置是与金属护套连接，将接地电力进行分流的装置，主要由接地箱、电缆护层过电压限制器、接地线、回流线、接地网等构成。

当电缆导体通过交流电流时，其周围产生的一部分磁力线与金属护套交联，使金属护套产生感应电压。电缆正常运行时，金属护套上的感应电流与导线的负荷电流基本上为同一数量级，将产生很大的环流损耗，使电缆发热，影响电缆的输送容量。为了减少金属护套损耗，提高电缆的输送容量，在高压电缆中常使金属护套对地绝缘，在护套的一定位置采用特殊的连接和接地方式，装置护层绝缘保护器等，以保证金属护套在最高电压时对地绝缘正常。

1. 接地箱

接地箱用于单芯电缆线路中，可起到降低感应电压的作用。接地箱是将电缆金属屏蔽接地的装置，分为直接接地箱和保护接地箱。电缆护层直接接地箱，内部含有、连接铜排、铜端子等，用于电缆护层的直接接地，内部无需安装电缆护层保护器。电缆护层保护接地箱内含有电缆护层保护器、连接铜排、铜端子等，用于电缆护层的保护接地。主保护器采用氧化锌电缆护层保护器，密封结构采用硅橡胶密封，达到较高的密封防水要求。全部采用铸铝或不锈钢外壳，导体连接件采用镀锡铜排，并采用螺栓压接，安装简单，便于预防性试验时电缆金属护套与保护器间脱开。

2. 电缆护层过压限制器

电缆护层过压限制器应用于单芯电缆线路中，限制电缆金属护层上的感应过电压，确保电缆护层绝缘不被过电压击穿。由于氧化锌电阻片的非线性特性，当在正常工作电压下，电阻片呈现高阻性，流过的电流仅是微安级，当遭受过电压时，在极短时间内，电阻片呈低阻性，处于导通状态，使得过电压电流较为容易地流入大地，释放过电压能量，保护器的起始动作电压小于设备耐受的电压，从而防止过电压对输变电设备的损害。

3. 接地线

高压电缆线路中接地线形式较为多样，包括低压电缆、接地扁铁、铜绞线等，接地系统中常见的交叉互联线多为同轴电缆。

4. 回流线

当单芯电缆的金属护套只在一处接地时，在沿线敷设一根阻抗较低的绝缘导线并两端接地，该导线成为回流线。当线路故障时，短路电流可通过回流线流回系统中性点，同时，故障电流产生的感应电压形成了与导体电流逆向的接地电流，从而抵消了大部分故障电流形成的磁场对通信和信号电缆产生的影响，因此回流线可起到磁屏蔽的作用。

5. 接地网

接地网是由垂直和水平接地体组成的具有泄流和均流作用的网状接地装置。接地体又称接地极，是直接与大地接触的金属导体。接地网是将多个接地体用接地线连接成网络，具有接地可靠、接地电阻小的特点。

根据线路长度等不同情况，电缆接地的方式又分为以下几种。

（1）金属护套两端接地。当电缆线路很短、传输功率很小时，金属护套上的感应电压极小，金属护套两端接地形成通路后，护套中的环流也很小，造成的损耗不显著，对电缆的载流量影响不大。或者电缆线路很短，而最大利用小时数较低，且传输容量有较大裕度时。金属护套两端接地后，不需要装设保护器，如图4-1所示。

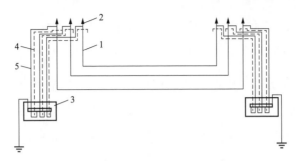

图 4-1 护套两端接地电力电缆示意图

1—电缆本体；2—电缆终端；3—接地箱；4—屏蔽（与电缆外护套石墨层连接）；5—接地线

（2）金属护套一端接地。当电缆线路长度大约在 500m 及以下时，电缆金属护套可以采用一端直接接地，另一端经护层保护器接地，金属护套的其他部位对地绝缘，如图 4-2 所示。金属护套没有构成电流通路，金属护套基本上没有环行电流，从而提高了电缆的输送容量。为了保障人身安全，非直接接地一端金属护套上的感应电压不应超过 50V，假如电缆终端处的金属护套用绝缘材料覆盖起来，使其不能任意接触时，金属护套上的正常感应电压可不超过 100V。

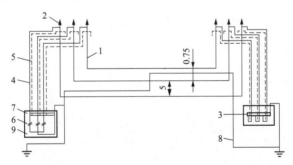

图 4-2 护套一端接地电力电缆示意图

1—电缆本体；2—电缆终端；3—接地箱；4—接地线；5—屏蔽（与电缆外护套石墨层连接）；

6—保护器；7—导体连板；8—回流线；9—接地箱

（3）金属护套中点接地。金属护套中点接地方式是在电缆线路的中间将金属护套接地，电缆两端均对地绝缘，并在两端各装设一组保护器，如图 4-3 所示。中点接地的电缆线路可以看作一端接地电缆线路长度的两倍。

（4）金属护套交叉互联。电缆线路很长时（大约在 1000m 以上），可将电缆线路分成若干大段，每大段原则上分成长度相等的三小段，每小段之间装设绝缘接头，绝缘接头处金属护套三相之间用同轴引线经接线盒进行换位连接（即交叉互联），绝缘接头处装设一组保护器，每一大段的两端金属护套分别互联接地，如图 4-4 所示。这种接地方式的感应电压低，环流小。如果电缆线路的三相排列是对称的，则由于各段金属护套电压的相位相差 120°，且幅值相等，因此两个接地点之间的电位差等于零，这样在金属护套上就不会产生感应电流，这时电缆线路上最高的金属护套电压即为每一小段长度上的感应电压，可以限制在 50V 以内。

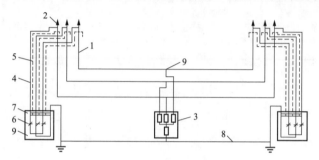

图 4-3　金属护套中性点接地示意图

1—电缆本体；2—电缆终端；3—接地箱；4—接地线；5—屏蔽（与电缆外护套石墨层连接）；

6—保护器；7—导体连板；8—回流线；9—金属护套接地点

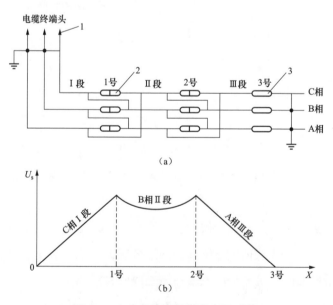

图 4-4　电力电缆金属护套交叉互联

1—电缆终端；2—绝缘接头；3—直通接头

（5）电缆换位及金属护套交叉互联。将电缆线路分段，金属护套交叉互联，同时再将三相电缆连续地进行换位，如图 4-5 所示。这样不但对称排列的三相电缆金属护套电位向量和为零，就是在不对称的水平排列三相电缆中，由于电缆每小段进行了换位，每大段全换位，三相电缆金属护套感应电压相等，相位差 120°，其向量和也为零，没有感应电流。

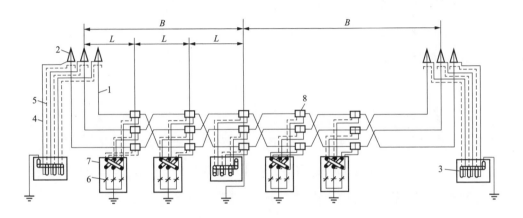

图 4-5　电缆换位、金属护套交叉互联示意图

1—电缆本体；2—电缆终端；3—接地箱；4—同轴电缆内导体；5—同轴电缆外导体；

6—保护器；7—交叉互联箱；8—绝缘接头

第二节　电力电缆附属设备的工艺要求

一、避雷器的施工工艺及要求

用切割机截取实际施工用槽钢底座的长度。根据避雷器支柱绝缘子底板螺栓连接孔的大小来决定在槽钢底座上钻孔的大小，将槽钢放于台式钻床上钻孔。将配制好的槽钢底座喷砂镀锌。在支架钢板上用石笔画出避雷器就位位置，避雷器的间距应符合设计要求。依据图纸用 4 个螺栓紧固避雷器与支架顶板，用 4 个螺栓紧固底座法兰与底座圆盘。用软吊绳锁紧避雷器，使吊绳的中心与避雷器的重心在一条垂线上，然后用吊车吊起避雷器。将避雷器移至安装位置就位，用线坠或水平检查避雷器的垂直度。避雷器找正后，将底座槽钢与支架钢板焊接牢固。用 4 个螺钉紧固高压接线端总成和上金具。用铜排将放电计数器及漏电监测器与避雷器的接地端子连接，与放电计数器及漏电监测器安装的铜排不能与其他接地扁钢接触。将避雷器底座与主接地网不同两点连接。

避雷器的工艺主要有以下要求：

（1）现场制作件应符合设计要求。

（2）避雷器外观完整无缺损，密封应良好。

（3）避雷器底座中心偏差不大于 5mm，安装孔中心线偏差不大于 5mm，高度偏差不大于 5mm。

（4）避雷器垂直度偏差不大于 1.5‰避雷器高；并列安装的避雷器三相中心应在同一直线上。

（5）避雷器应安装牢固，避雷器的均压环应保持水平，均压环与外套四周间隙均匀一致，铭牌安装方向一致。

（6）放电计数器密封应良好，接地应牢靠导通良好。

（7）油漆应完整，相色正确。

二、接地系统的技术要求

（1）接地箱、交叉互联箱内连接应与设计相符，铜牌连接螺栓应拧紧，连接螺栓无锈蚀。箱体完整，密封良好。

（2）接地箱、交叉互联箱内电气连接部分应与箱体绝缘。箱体不得选用铁磁材料，并固定牢固可靠，满足长期浸水要求，防水等级不低于 IP68。

（3）电缆护层保护器配合应符合相应规范要求。保护器和金属护层连接线宜在 5m 内，连接线绝缘水平应与电缆护层一致。

（4）接地箱、交叉互联箱箱体应有不锈钢设备铭牌，铭牌上应有换位或接地示意图、额定短路电流、生产厂家、出厂日期、防护等级等。

（5）接地相和交叉互联箱应有运行编号。

（6）箱体安装应与基础匹配，膨胀螺栓安装稳固，箱内接地缆管口空隙应进行防火泥封堵。

第三节　电力电缆附属设备典型缺陷综述

一、密集雷击或长期运行导致避雷器性能下降

避雷器遭密集雷击，频繁的能量冲击会导致阀片发生沿面闪络，部分阀片绝缘性能下降，在此后的运行过程中，在电网电压的作用下，阀片持续性阻性电流增加，进而因损耗增大而产生温升，温升进一步加剧阀片绝缘性能下降，在这种正反馈效应下，避雷器最终可能因热崩溃而击穿。同样，避雷器在长期运行状态下，内部绝缘性能会随时间推移而下降，加之潮气入侵，使得电阻片不断劣化，最终造成闪络、击穿。

二、避雷器连接金具及引线断裂或丢失

由于避雷器大多安装在户外，长期风吹日晒及雨水侵蚀会加速连接金具与连接线的老化锈蚀，引线随风摆动可能降低附属设备的机械性能与绝缘性能，长期运行会导致附属设备自然断裂或丢失。

三、接地箱箱体发热

接地箱或交叉互联箱箱体及接地电缆管口密封不实，可能会导致潮气入侵内部甚至进水，箱体内铜牌、连接螺栓等部件长期受潮或泡水，会逐渐产生锈蚀现象，增加接地电阻，导致箱体升温发热。

四、交叉互联系统接错

该类缺陷主要表现为电缆接地电流三相不平衡或异常,在一个交叉互联段内,可能会出现同轴电缆线芯与屏蔽和接头的左右不一致,也可能会出现多个互联箱

内跨接母牌的方向不一致，导致交叉换位错误。

五、终端及引线连接金具断裂或发热

终端及引线连接金具缺陷一般大多发生在铜铝过渡线夹与终端出线连接金具的位置。铜铝过渡线夹焊接方式主要有摩擦焊与钎焊两种。摩擦焊过渡线夹的特点是接触面积较钎焊小。线路在长期运行过程中，由于负荷和环境温度的变化、铜和铝两种材料热膨胀系数相差很大，铜铝不同部位会发生不同程度变形，因此长期运行下可能会在铜铝连接位置造成应力集中。与此同时，导线受到的风或震动作用力会传递至铜铝过渡线夹，在线路长期运行下会导致线夹疲劳受力，进而于线夹薄弱环节即铜铝连接位置发生铜铝分离断裂。

电缆终端出线连接金具发热则一般是因长期运行或潮气入侵导致的金具锈蚀，使得连接金具处电阻上升从而引起温度升高。

第四节　电力电缆附属设备缺陷预防措施

（1）加强雷雨季期间户外电缆终端塔避雷器巡检，按规程对避雷器计数器动作情况进行检查记录，同时根据情况增加红外测温、望远镜外观检查等工作的频次。对电缆终端塔避雷器，建议加装泄漏电流监测仪表，结合运行巡视，开展避雷器全电流、阻性电流监测。

（2）建立户外电缆终端塔避雷器抽检工作机制，加大检测力度，必要时结合停电开展试验。

（3）加大铜铝过渡线夹设备巡视与红外测温检测力度，同时对铜铝对接焊过渡线夹开展排查与更换工作,结合停电计划逐步将对接焊接线夹更换为钎焊线夹。

（4）做好接地系统检测。电缆线路通过故障电流后，应对该回路及同通道敷设的其他回路电缆接地系统进行检查，发现问题及时处理。运行期间应按期测试接地电阻，接地电阻应满足电缆及通道运维规程要求。必要时对重要电缆加装接地环流在线监测装置。

第五节　电力电缆附属设备故障缺陷典型案例

一、110kV 某线路接地箱发热缺陷

（一）设备概况

110kV 某线路电缆全长 2.78km。

（二）缺陷概述

运维班巡视发现 110kV 某线路 2 号中间接头 A 相发热，2 号接头 A 相东侧封铅和东侧尾管发热（比西侧高 12～15℃），交叉互联箱和互联线温度升高，现场积水严重，如图 4-6～图 4-8 所示。

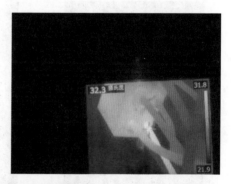

图 4-6　2 号接头处现场测温　　　　　图 4-7　交叉互联箱测温

图 4-8　处缺前交叉互联箱照片

（三）缺陷原因分析

初步判断缺陷原因如下：

（1）封铅处假焊，接地线虚接。

（2）接地箱进水。

（四）缺陷处理流程记录

2 号中间接头 A 相接地线连接方式为焊接地线，在金属护套周围均匀分布三根，接头外侧为玻璃丝带并加环氧泥密封。

打开接头后发现铜编织线焊接不牢，如图 4-9 所示，接地线虚焊导致该部位运行时发热严重。拆除交叉互联箱后发现进水严重，如图 4-10 所示，交叉互联箱总接地螺丝、箱体固定螺丝、接地箱固定支架锈蚀严重，导致箱体温度升高。

 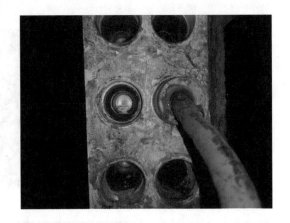

图 4-9　铜编织线焊接不牢　　　　　图 4-10　交叉互联箱进水

处理方法：中间接头连接处，改为搪铅工艺，保证铝护套与尾管可靠连接，如图 4-11 所示。封铅后，包缠防水绝缘带两层，再用拉链式热缩管密封，两端用防水带密封并用 PVC 胶带包缠。

拆除原有交叉互联箱进行更换，出线全部采用接地线，出口处采用铜接管连接。

原有互联线加密封处理，在外侧绕包两层防水带，如图 4-12 所示。支架除锈并更换螺丝，接地点支架打磨。

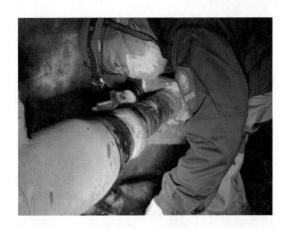

图 4-11　重新搪铅

图 4-12　更换互联箱、出线处铜接管连接、互联线密封处理

（五）后续反措

巡视、检测方面：加强隧道内巡视、检测，及时发现温度异常及设备锈蚀缺陷。对于附件尾部的温度异常，通过涡流探伤等形式加强封铅质量检查。

检修、施工方面：应加强现场施工质量管理，对于接头地线采用封铅形式的，保证封铅质量，确保封铅密实。采用焊接的应保证焊接牢固、避免虚焊。

基建、物资招标方面：针对地线焊接工艺相对更易发生进水受潮的情况，应优先安排附件厂家在供货时按照封铅工艺准备附件配送，并在招投标环节进行明确。

149

二、110kV 某线路避雷器引线断裂缺陷

（一）设备概况

110kV 某电缆线路为架混线路。电缆线路分为两段，型号为 ZC-YJLW02-64/110kV-1×400mm²。

某日，经检查发现，110kV 某线路 A 相电缆终端避雷器与计数器连接线之间有放电声，夜间出现放电火花，已经影响设备正常运行，此次缺陷处理任务是对避雷器与计数器的异常放电处理。

（二）缺陷处理流程记录

更换 A 相避雷器，更换计数器，更换避雷器与计数器连接引线。停电、验电、挂接地线后，发现 A 相电缆终端避雷器与计数器连接线开口鼻子断裂，如图 4-13 和图 4-14 所示。然后拆除避雷器与计数器。处理方案是更换 A 相电缆终端避雷

图 4-13　计数器外观破损

图 4-14　避雷器与计数器连接线开口鼻子断裂

器、计数器，更换避雷器与计数器连接引线。处理完成后，如图 4-15 所示。

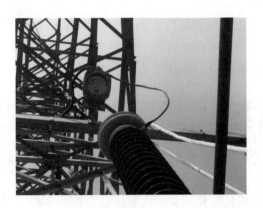

图 4-15 处理完成后照片

三、110kV 某线路终端连接巴掌发热缺陷

（一）设备概况

110kV 某线路为架混线路，其中电缆总长度为 2.39km，投运日期为 2008 年 4 月 27 日，电缆型号为 ZR-YJLW02-64/110kV-1×630mm²，共有 2 组 GIS 终端、4 组户外空气终端、中间接头 2 组。

（二）缺陷问题概述

某日，运行人员巡视发现 110kV 某电缆线路终端站侧户外终端 A 相温度高于另外两相 29.1℃（A 相 57.9℃，B、C 相 28.8℃），需停电后对 A 相进行处缺，消除隐患。

（三）缺陷处理方案

对三相弓子线（与输电线路连接立线）、电缆终端出线巴掌、铜铝过渡巴掌、安普线夹、所有连接螺栓全部更换并打磨所有接触面、涂抹导电膏并紧固连接螺栓。

（四）缺陷处理流程记录

更换三相弓子线（与输电线路连接立线）、电缆终端出线巴掌、铜铝过渡巴掌、安普线夹，所有连接螺栓全部更换并打磨所有接触面，涂抹导电膏并紧固连接螺栓。

当日检修人员到达现场，准备好施工设备、安全工器具，在终端小间内布置安全措施，准备好施工工器具，如图 4-16 所示。接停电令后，验电、挂接地线，做好安全措施后，搭设临时脚手架。

图 4-16　处理前终端现场图

图 4-17　拆除后检查图

拆除三相弓子线、接线端子，检查 A 相出线端子和引线端子接触面及连接螺栓，未发现引线端子接触面氧化、脏污，发现引流线端子压接根部有略微烧蚀，如图 4-17 所示。

更换三相弓子线（与输电线路连接立线）、电缆终端出线巴掌、铜铝过渡巴掌、安普线夹，所有连接螺栓全部更换并打磨所有接触面，涂抹导电膏并紧固连接螺栓。处理完成后，对现场清扫后，拆除接地线。

处理完成后，测试 A 相压接位置（原温度异常位置）与 B、C 相压接位置温度，测试结果显示三相正常，如图 4-18 所示。

（五）后续反措

（1）加强空气终端巡视、检测，及时发现温度异常及设备锈蚀缺陷。

（2）应加强现场施工质量管理，对于空气终端各处金属连接金具，保证打磨质量，确保螺栓紧固。焊接处应保证焊接牢固、避免虚焊。

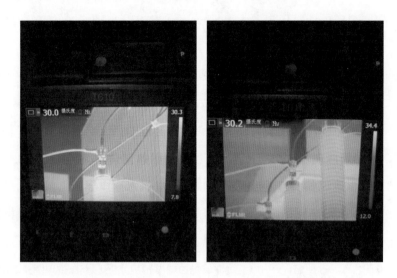

图 4-18　恢复供电后运行依次测试 A、B 相温度图

参 考 文 献

[1] 赵健康. 高压电缆及附件 [M]. 北京：中国电力出版社，2019.

[2] 图厄. 电力电缆工程 [M]. 北京：机械工业出版社，2014.

[3] 郑肇骥，王琨明. 高压电缆线路 [M]. 北京：水利电力出版社，1981.

[4] 史传卿. 供用电工人职业技能培训教材·电力电缆 [M]. 北京：中国电力出版社，2006.

[5] 史传卿. 安装运行技术问答·电力电缆 [M]. 北京：中国电力出版社，2002.

[6] 邓声华，江福章，刘和平，等. 高压电缆缓冲层材料及结构特性研究 [J]. 电线电缆，2019（02）：19-27.

[7] 王伟，欧阳本红，徐明忠，等. 电缆缓冲层烧蚀现象初步分析 [J]. 电线电缆，2019（05）：5-10.

[8] 陈新，李文鹏，李震宇，等. 高压直流 XLPE 绝缘材料及电缆关键技术展望 [J]. 高电压技术，2020，46（5）：1577-1585.

[9] 张静，王伟，徐明忠，等. 高压电缆缓冲层轴向沿面烧蚀故障机理分析 [J]. 电力工程技术，2020，39（3）：180-184.

[10] 周松霖，刘若溪，姜磊，等. 高压 XLPE 绝缘电力电缆护层烧蚀机理分析 [J]. 高压电器，2020，56（12）：171-176.

[11] 王伟. 交联聚乙烯（XLPE）绝缘电力电缆技术基础 [M]. 西安：西北工业大学出版社，2005.

[12] 聂永杰，赵现平，李盛涛. XLPE 电缆状态监测与绝缘诊断研究进展 [J]. 高电压技术，2020，46（4）：1361-1371.

[13] 杨帆，朱宁西，刘晓东，等. 基于阻抗评估电缆缓冲层间隙状况的实验与分析 [J]. 广东电力，2018，31（12）：93-98.

[14] 汪传斌，金海云. 高压 XLPE 绝缘电力电缆缓冲层与金属护层结构设计仿真计算与优化 [J]. 电线电缆，2018（3）：6-12.

［15］贾欣，刘英，曹晓珑. XLPE 电缆缺陷尺寸分布对电树枝起始的影响［J］. 高电压技术，
2003，29（10）：7-8.

［16］李旭兵，李瑞. 高压交联电缆三层共挤绝缘屏蔽合缝问题的解决［J］. 电线电缆，2007
（3）：42-43.

［17］刘子玉，王惠明. 电力电缆结构设计原理［M］. 西安：西安交通大学出版社，1996.

［18］林磊，孙萍. 圆形绞合紧压导体结构设计的探讨［C］//2004 电线电缆年会论文集. 江西
溧阳：中国电工技术学会电线电缆专委会，2004. 96-97.

［19］金元元，陈朝晖，陈建平. 大截面分割导体直流电阻测试误差分析与改进［J］. 电线电
缆，2016（2）：26-28.

［20］邓显波，欧阳本红，孔祥海，等. 大截面高压电缆导体交流电阻的优化［J］. 高电压技
术，2016，42（2）：522-527.

［21］乔月纯，王卫东，郭红霞，等. 紧压绞合导体单线直径确定方法的分析和比较［J］. 电
线电缆，2007（1）：26-28.

［22］黄训诚，和萍，崔光照，等. 中国智能电网发展述评、展望与建议［J］. 轻工学报，2016，
31（2）：54-65.

［23］米建伟. 电力电缆故障诊断中信号检测与增强技术研究［D］. 西安：西安电子科技大学，
2018.

［24］YANG J L，HE Q，LI L，et al.Self-healing of electrical damage in polymers using
superparamagnetic nanoparticles［J］. Nature Nano-technology，2019，14（2）：151-155.

［25］刘秀明，胡庆伟，丁俊毅，等. 一起 220kV 交联电缆过热损坏原因探讨［J］. 电气技术，
2016（10）：152-155.

［26］OSARLI M，BEKAS D G，TSIRKA K，et al.Microcap-sule-based self-healing materials：
Healing efficiency and toughness reduction vs.capsule size［J］. Composites Part B：
Engineering，2019（171）：78-86.

［27］林木松，钱艺华，范圣平，等. 电缆护套材料超分子自修复技术研究［J］. 绝缘材料，
2019，52（8）：60-65.

［28］孙佳莹. PVC 的热稳定及可修复性能研究［D］. 西安：西安科技大学，2019.

[29] 赵刚，朱启动，陈文真．操作波的参数计算方法 [J]．高压电器，2001，37（2）：9-11.

[30] 付艳红，马耐祥．正极性操作波作用下介质表面闪络的发展特性 [J]．高压电器，1986（3）：9-11.

[31] 王伟，张静，郑建康，等．合闸时陡波过程对中间接头击穿特性的影响 [J]．电线电缆，2018（5）：26-31.

[32] IEC 42（secretariat）102．IEC 1083-2．Digital recorders for measurements in high impulse tests Part 2：Evaluation of software used for the determination of the parameters of impulse waveform [S]．Paris：IEC，1996.

[33] 程守洙，江之水．普通物理学：第4册 [M]．北京：人民教育出版社，1961.

[34] 赵健康，范友兵．高压电缆阻水缓冲层工艺和设计研究 [J]．电线电缆，2010（3）：17-21.

[35] 张侠．一种新型电缆半导电阻水带 [J]．电线电缆，2008（3）：33-35.

[36] 李晨银，李洪泽，陈杰，等．高压 XLPE 电缆缓冲层放电问题分析 [J]．电力工程技术，2018，37（2）：61-66.

[37] 张涵．电缆缓冲层放电特性的研究[J]．北京：电子技术与软件工程师，2015（6）：241-242.

[38] 张仁宇，陈昌渔，王昌长．高压试验技术 [M]．北京：清华大学出版社，2009.

[39] 吴志祥，周凯，何珉．高压电缆交叉互联系统地 3 种优化接地方案 [J]．电力科学与技术学报，2020，35（3）：135-140.

[40] 徐欣，陈彦．单芯高压电力电缆金属护套感应电流的研究之一——感应电流的计算和预控 [J]．2010（5）：42-46.

[41] 杜伯学，李忠磊，张锴，等．220kV 交联聚乙烯电力电缆接地电流的计算与应用 [J]．高电压技术，2013，39（5）：1034-1039.

[42] 张全胜，王和亮，周作春．110kV XLPE 电缆金属护套交叉互联接地探讨 [J]．高电压技术，2005，31（11）：71-73.

[43] 于连坤，魏占朋，丁彬，等．高压电缆护层交叉互联接地系统典型缺陷对感应环流的影响分析 [J]．山东电力技术，2020，47（5）：26-29.

[44] 贺林，李红雷，曹志强．高压电缆护层交叉互联接地系统典型缺陷对感应环流的影响分析 [J]．上海电力，2015，28（3）：8-10.

［45］杨超，李明德，黄海，等.基于向量运算法的交叉互联 XLPE 电缆在线监测系统设计［J］.电力科学与技术学报，2016，31（3）：88-94.

［46］陆德纮.电缆铅包感应电压的通用公式［J］.电机工程学报，1983，12（1）：20-24.

［47］惠学军.基于小波神经网络的小电流接地系统单相接地故障定位研究［D］.南京：河海大学，2002.

［48］张锴.高压电缆聚乙烯电缆接地电流机理与故障分析［D］.天津：天津大学，2012.

［49］方春华，李景，汤世祥，等.基于接地电流的交叉互联箱故障诊断技术研究［J］.高压电器，2018，54（6）：16-23.